AIRE

5.04

I0068478

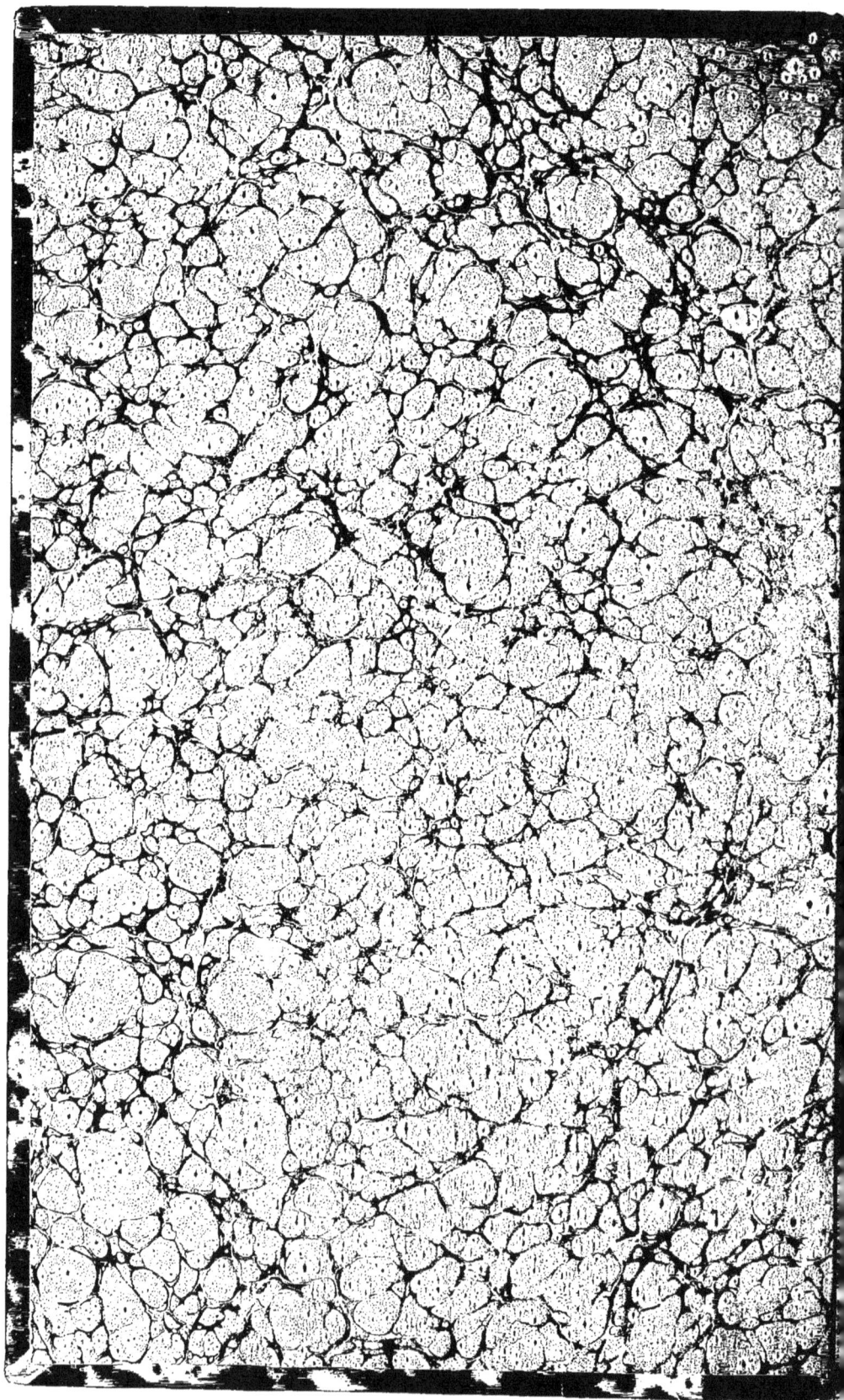

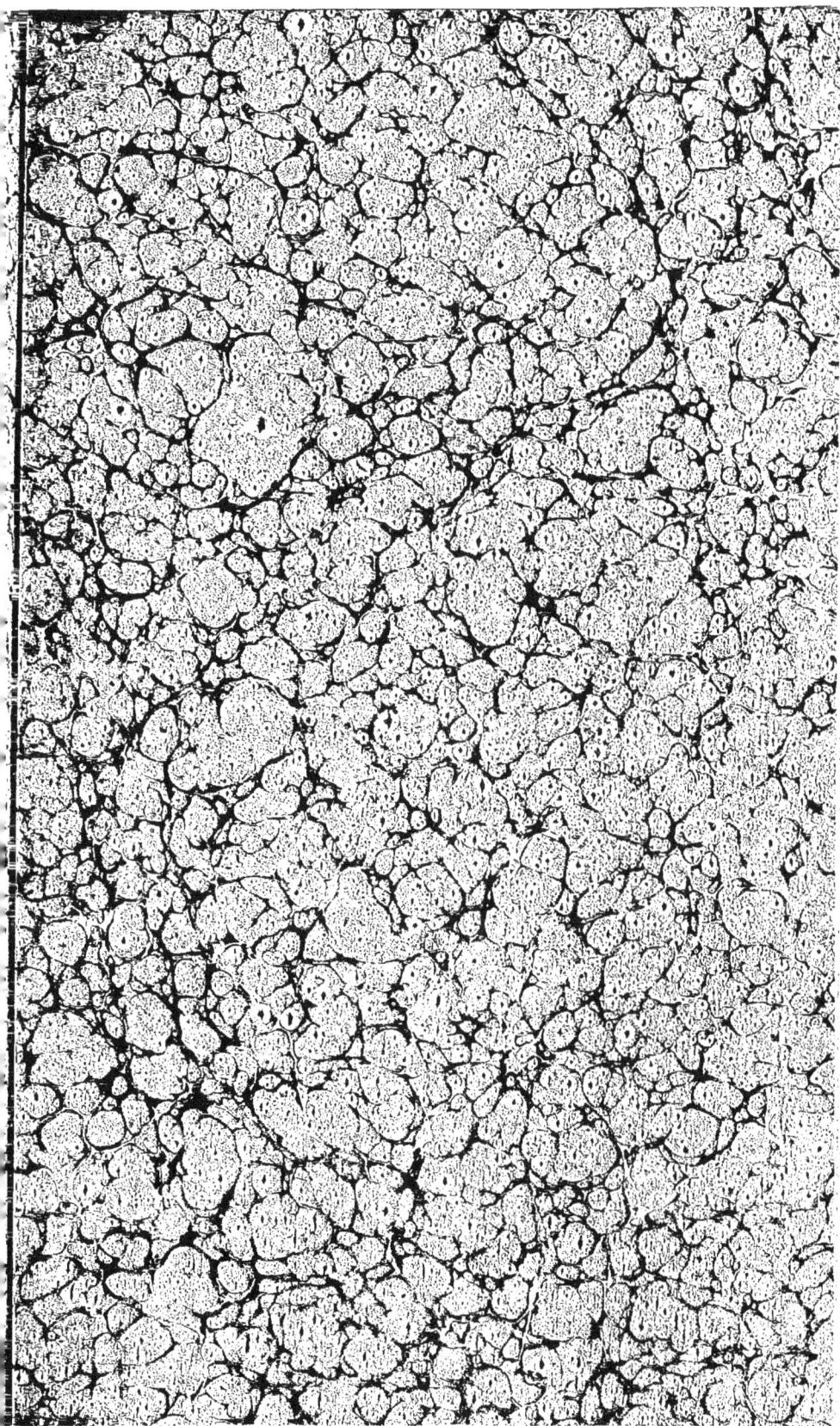

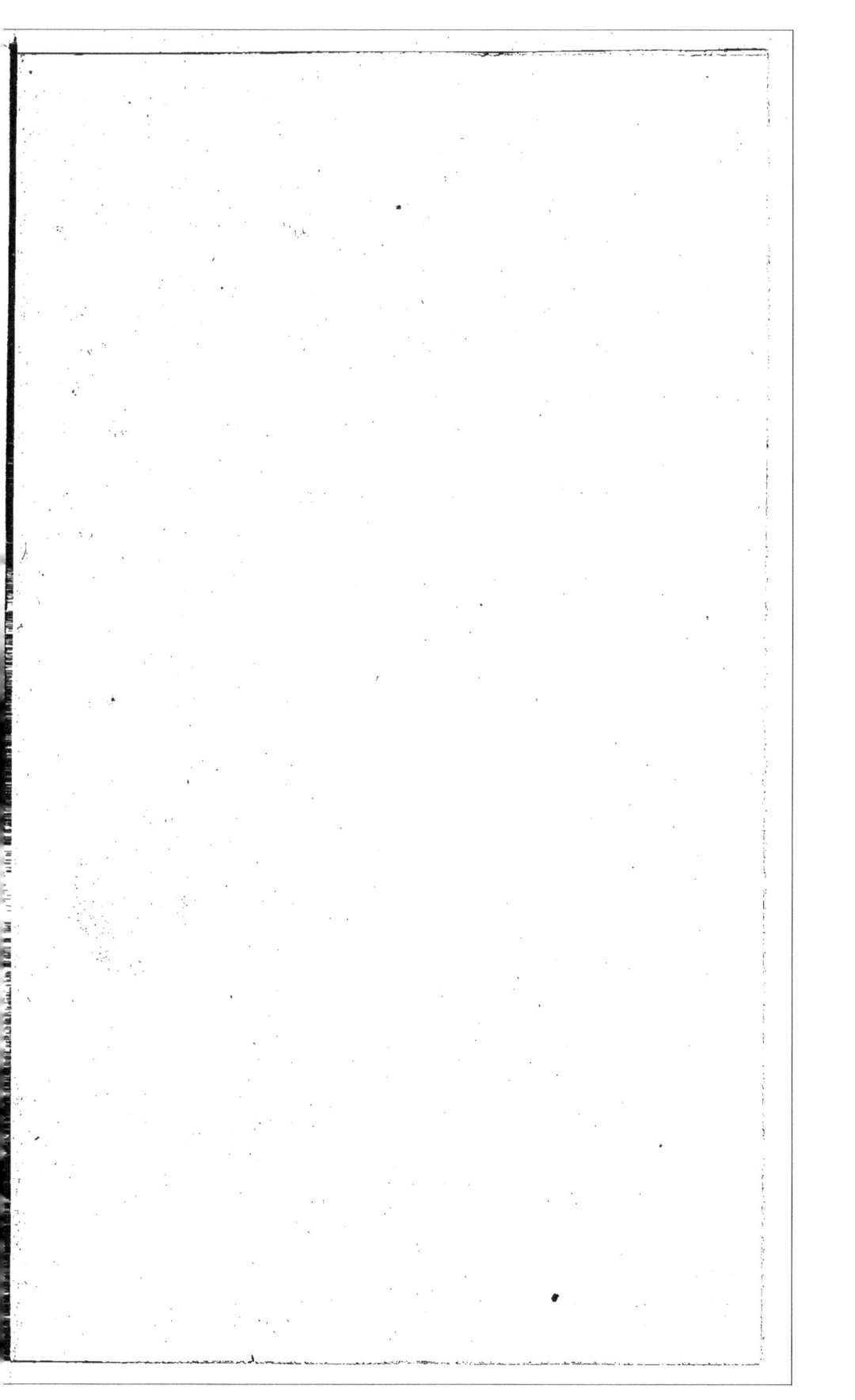

V

31501

7 $\frac{20}{}$

L. Ch. du Barroux.

DISSERTATION

SUR

LE CALENDRIER.

DISSERTATION

SUR

LE CALENDRIER

GRÉGORIEN ;

PAR LE CHEVALIER DU BARROUX,

AUTEUR DU TRAITÉ MÉCANIQUE DU CALENDRIER GRÉGORIEN
ADMIS A L'EXPOSITION AU LOUVRE, L'AN 1827.

PARIS,

LOTTIN DE SAINT-GERMAIN, IMPRIMEUR,
RUE DE NAZARETH, N°. 1.

1827.

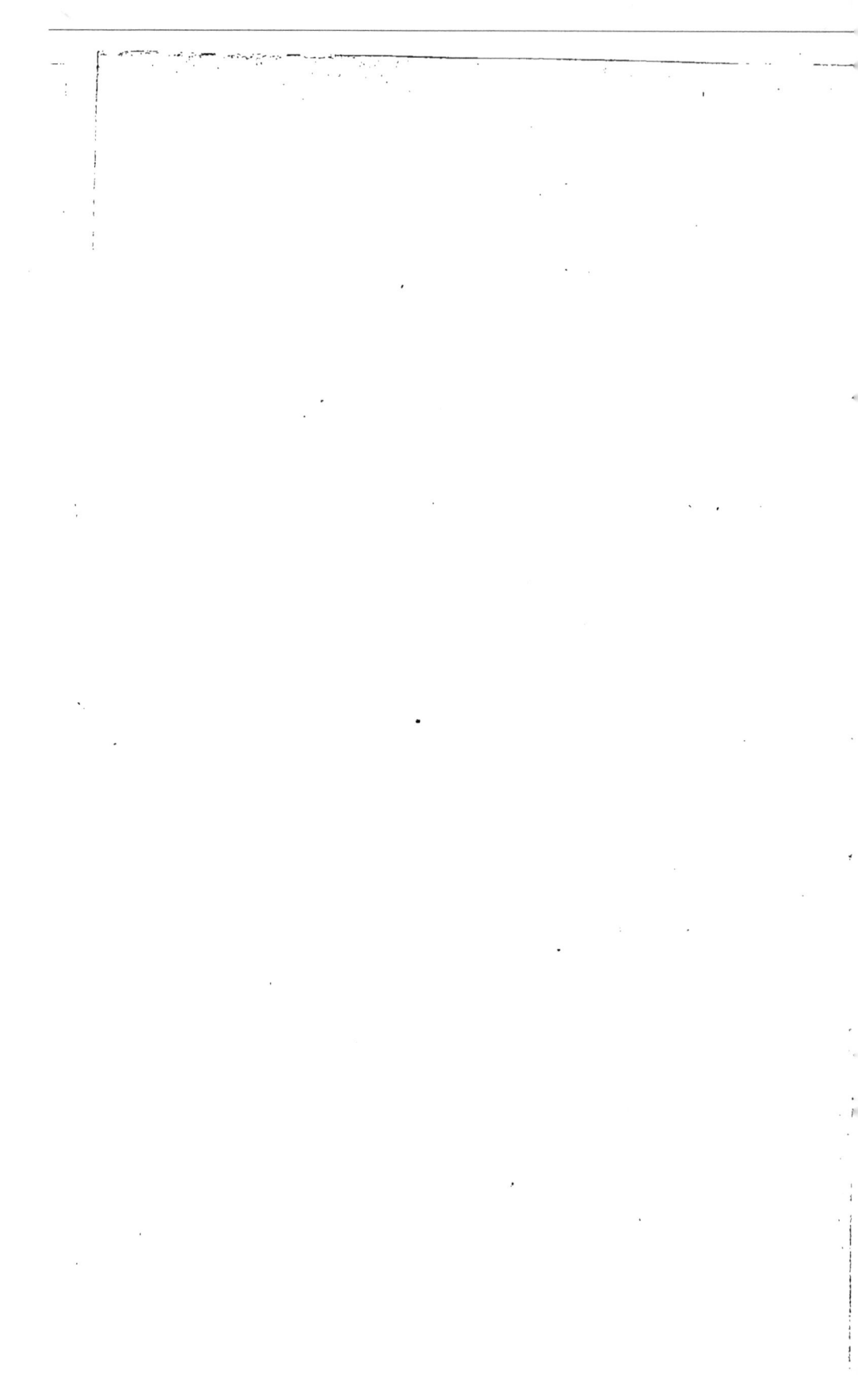

DISSERTATION

SUR LE CALENDRIER.

En général dans la société on est curieux
de connaître comment on est parvenu à l'arrangement fixe du Calendrier. Peu de personnes se décident à étudier ces sortes de
matières. Quoiqu'elles intéressent toutes les
classes de la société, elles sont trop sèches
pour que l'on puisse même entreprendre de
s'en occuper ; d'ailleurs, on suppose plus de
difficulté qu'il n'y en a : et, sans plus appro-
fondir, en se contente de savoir lire dans
un Almanach, pour suivre les époques journalières. Cependant il reste souvent une
espèce de dépit, d'ignorer comment il se fait
par exemple, que les années 1825, 1826,
1827, ne sont que de 365 jours et que l'année
1828 en aura 366. On voit tous les quatre
ans le même ordre de choses, et sans en
savoir davantage, bien des personnes disent que, *c'est l'année bissextile qui est cause
de cela.* Ensuite, ces mêmes personnes témoignent encore plus d'étonnement, quand

1

elles remarquent la fête de Pâques tantôt dans le mois de mars ou d'avril, ce qui fait varier d'autres fêtes qui dépendent de la fête de Pâques. Alors ces personnes disent vaguement : *cela vient de ce que ce sont des fêtes mobiles.* Il sera facile de s'instruire de ces matières, en voyant une suite de résultats obtenus par des moyens mécaniques.

Mais avant de s'occuper des circonstances qui ont amené l'ordre que nous suivons aujourd'hui, il est bon de prendre une idée des premières connaissances humaines, qui ne pouvaient être que très-fautives. Cependant nous avons obligation à ceux qui commirent ces fautes. Il fallait que la vérité fut précédée par l'erreur. Nous passeront rapidement sur les erreurs, pour arriver bientôt aux dernières corrections et à la célèbre réforme du Calendier ancien, réforme qui a réglé les usages et les devoirs civils et religieux, dans l'ordre que suit aujourd'hui la société.

Il est à propos de considérer le Calendrier de deux manières, savoir : le Calendrier civil, et le Calendrier religieux ; il faut les étudier à part pour ne pas les confondre, ensuite il sera facile de les considérer ensemble. L'un et l'autre ayant été mal entrepris dans leur origine, les hommes qui vinrent après, connurent et évitèrent quelques erreurs,

firent des corrections , des réformes , et adoptèrent de nouvelles méthodes plus ou moins
fautives, et toujours proportionnées aux
degrés de connaissances des temps, où les
hommes les plus éclairés firent leurs observations. Mais les guerres qui retardent et
arrêtent les progrès des lumières , furent
cause que des générations se sont épuisées
sans faire de corrections dans l'ordre des
époques. L'invasion des barbares du nord,
qui décida la chûte de l'Empire Romain ,
fut cause d'un mélange de tous les peuples
et d'une ignorance générale, qui couvrit
l'Europe de ténèbres pendant plusieurs siècles. Il n'y eut que dans les cloîtres et les
monastères , que les restes des sciences trou-
vèrent un asile ; on y conserva des manus-
crits précieux d'auteurs anciens, dont les
ouvrages font aujourd'hui l'admiration et
les délices des modernes. L'invasion des
barbares au cinquième siècle , est l'époque
du plus grand désastre qu'aient éprouvé les
lettres; peu s'en fallut qu'elles ne fussent
en entier perdues pour la terre : la chronologie fut très-négligée ; ensorte que jusqu'à
des temps très rapprochés de ceux où nous
vivons , les hommes ont vu des erreurs très-
graves au Calendrier, s'accroître rapidement,
à la grande honte des peuples civilisés. Il n'y
a guère plus de deux siècles que le Calendrier

a reçu le perfectionnement dont nous jouissons aujourd'hui ; dont jouiront aussi les
races futures, en observant les règles pres-
crites à la dernière réforme du Calendrier,
par le pape Grégoire XIII, l'an 1582. Et quand
il en sera temps, les peuples à venir devront
suivre l'analogie de cette réforme, qui mit
un ordre définitif dans le Calendrier civil,
comme dans le Calendrier religieux. Nous
allons reprendre en résumé les époques éloi-
gnées, pour passer rapidement à cette réforme
mémorable que nous suivons aujourd'hui.

CALENDRIER CIVIL.

Il paraît que les premiers habitans de la
terre n'ont compté le temps que par jours
qu'ils rassemblèrent au nombre de sept, le
matin pouvant être pris pour le jour même,
sept matins auraient fait sept jours. Nous
disons encore parmi nous; un de ces *quatre
matins* j'irai vous voir, pour dire un de ces
jours prochains. Dans le langage ancien l'as-
semblage de sept se disait *septimana*, et le
mot *sémane* de nos vieux idiomes, vient
peut-être de *septem mane*, sept matins ou
sept jours. Cette petite période fut établie
soit par respect pour les sept jours de la
création du monde, soit en l'honneur des

sept planètes, ou soit par l'observation périodique des phases de la lune qui changent
tous les sept jours environ, et que l'on a
nommées les quartiers de la lune. Comme dans
la dénomination des jours de la semaine, on
reconnait les noms des sept planètes, elles
doivent avoir contribué à faire préférer le
nombre de sept, et paraissent être la véritable cause de cette préférence.

L'ordre des sept jours de là semaine se
perd dans les temps les plus reculés, il fut
le même chez les anciens Egyptiens, chez les
Indiens, chez les Chinois; et le même nom
du jour se rapporte encore au même temps
physique chez tous les peuples qui suivent
cette période; elle paraît avoir la même origine. Cet arrangement ne suit pas l'ordre
des positions, ni la grandeur, ni l'éclat, ni
les distances des planètes; on croirait même
dans le premier moment, que cet arrangement est arbitraire, et ne suit aucune loi.
Ce serait une erreur très-grave de croire les
anciens capables d'avoir livré au hazard
un ordre aussi admirable qu'indestructible,
comme le prouve l'expérience depuis les
temps les plus reculés. Nous verrons plus
tard que les changemens postérieurs, même
les réformes, augmentèrent ou supprimèrent
un certain nombre de jours à l'année, sans
altérer en rien l'ordre des jours de la semaine.

Les anciens croyaient la terre fixe au centre des mouvemens des planètes, ils les rapportaient aux jours de la semaine et les comptaient ainsi qu'il suit : le Soleil, Vénus, Mercure, la Lune, Saturne, Jupiter et Mars. Cet ordre n'est pas celui que suivent les planètes dans le ciel; cependant chaque jour était consacré à une planète différente dans l'ordre des jours de la semaine, en commençant par le Soleil qui le premier désignait le jour du Seigneur *domini dies* dont notre langue à fait dimanche;

Le deuxième était le jour de la Lune, *Lunœ dies*, lundi;

Le troisième était le jour de Mars, *Martii dies*, mardi;

Le quatrième était le jour de Mercure, *Mercurii dies*, mercredi;

Le cinquième était le jour de Jupiter, *Jovis dies*, jeudi;

Le sixième était le jour de Vénus, *Veneris dies*, vendredi;

Le septième était le jour de Saturne, *Saturni dies*, samedi.

Cet ordre qui paraît arbitraire, ne l'est cependant pas, il est très-exact selon la manière dont les anciens voyaient les planètes, la Lune comptée pour une des sept. Ils les désignaient par des caractères ou des figures qui sont encore en usage dans l'astronomie,

et qui paraissent être des hiéroglyphes dont
la signification est parvenue jusqu'à nous.
Mais pour reconnaître les jours de la semaine
auxquels se rapportent les planètes, il faut
les compter d'une certaine manière qui est
invariable, et qui ramène constamment la
période des sept jours, dans l'ordre des planètes, comme les Anciens les croyaient ran-
gées. Les jours étaient divisés en vingt-quatre
heures; pour les reconnaître, il faut commencer par le Soleil qui est le premier jour
de la semaine, et compter les 24 heures de
ce jour, sur les planètes elles-mêmes, chacune prise pour une unité, en comptant
sur le Soleil la première heure, la planète
suivante, deux; la troisième, trois, et ainsi
de suite jusqu'à 24 ; et la planète qui viendra
après, se rapportera au jour suivant de la
semaine; on recomptera les 24 heures de ce
jour, en commençant par un sur cette planète. Ainsi ayant compté les 24 heures du
dimanche, la 25me. sera la première heure
du lundi et tombera sur la planète qui s'y
rapporte : on comptera comme la première
fois les 24 heures, et ainsi de suite jusqu'à
la fin de la semaine. La figure suivante où
les jours et les planètes sont disposées en
rond, explique très-bien ce rapport des jours
avec les planètes.

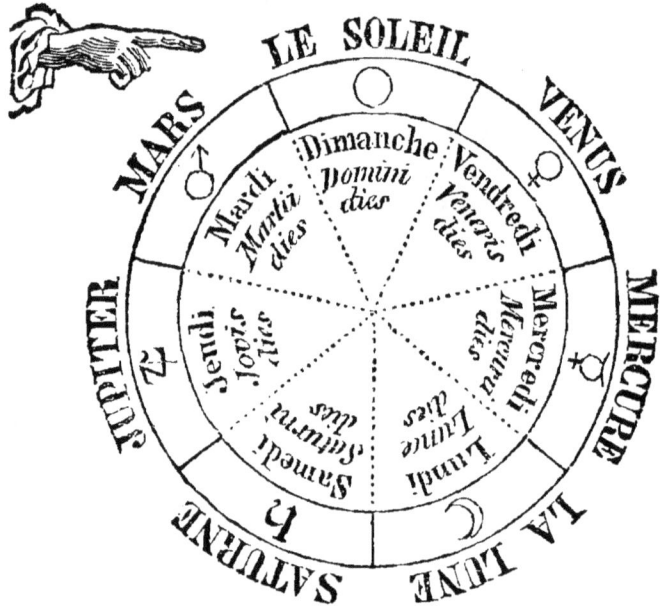

Comptez dans la direction du doigt indi-
cateur ; commencez par le Soleil, et dites un,
la planète d'après, deux ; ensuite trois ; puis
quatre, et continuez en tournant ; quand
vous aurez fini les 24 heures du dimanche,
la planète suivante sera celle du lundi ; vous
recommencerez à celle-là, par compter un ;
et d'une planète à l'autre, vous compterez
les 24 heures du lundi ; la suivante qui serait
le nombre 25, sera la première heure du
mardi, dont vous compterez les 24 heures
comme vous avez déjà fait : et ainsi de suite
jusqu'au samedi ; vous compterez encore les

24 heures du samedi, et le nombre 25 sera la première heure du dimanche pour la semaine suivante. Voilà cette antique période des sept jours qui roule à travers les siècles sans éprouver la moindre interruption, malgré les divers changemens du Calendrier bien ou mal ordonné. Nous verrons qu'à la réforme du Calendrier Julien, on supprima dix jours à l'année 1582, sans interrompre l'ordre de la semaine, que rien ne peut altérer ni changer.

Les peuples anciens rassemblèrent quatre de ces périodes de sept jours, où ils virent des rapports avec les mouvemens de la Lune qu'ils nommaient *Men*; et ils désignèrent sous le nom de *Men* l'espace de temps que *Men* ou la Lune employait à reparaître avec ses phases. Cette manière de compter le temps devint la plus commode et la plus exacte; aussi pendant bien des générations les premières sociétés n'eurent pas d'autre manière de compter les époques. Ces peuples n'avaient pas l'habitude d'observer le Soleil, pour mesurer le temps d'après les remarques qu'ils faisaient sur cet astre, qui, dans ces temps reculés, ne fut que l'objet de leur culte.

Les rassemblemens des familles étant devenus très-nombreux, il fut nécessaire d'établir et de reconnaître des législateurs, qui donnèrent un principe de lois, et fixèrent les époques des fêtes, des rassemblemens, des marchés, des foires, et la commémoration des événemens les plus remarquables.

Chez ces peuples pasteurs et nomades, le grand loisir forma des observateurs qui cherchèrent à régler le temps et les époques, sur les mouvemens alternatifs du soleil ; il fallut observer cet astre. L'expérience de chaque année prouvait un changement périodique de saison, occasionné par le maximum et le minimum de hauteur du Soleil qui paraissait tourner dans le ciel et revenir tous les ans. Ce retour périodique fut comparé à un grand rond que le soleil faisait dans le ciel : ce rond fut comparé à un cercle ; et dans un an, la Lune paraissant faire douze fois le tour du grand cercle, on le divisa en douze parties, et on donna le nom de *Men,* ou mois, à chacune des douze parties. Ces douze mois réunis qui se renouvelaient avec les saisons furent très-remarquables, et on continua de les comparer à un grand cercle ou anneau qui ne finit pas. Cet anneau se nommait *Annus* dont les modernes ont fait un an ou année. On inventa le Manach qui aujourd'hui se dit l'Almanach ou le Calendrier, très-fautif dans son origine. On disait le Manach, qui signifiait le compte, et en effet l'Almanach est le compte du temps qui se divise en jours, mois, années. Ensuite, beaucoup plus tard, les chronologistes qui tinrent compte des époques, fixèrent le nombre de cent ans pour faire une période suffisante, afin de conserver le souvenir des événemens historiques, et de les transmettre à la postérité ; on donna à cette période de cent ans, le nom de *Seclum* siècle.

Dans les premiers temps les observateurs ne pouvaient faire que des remarques grossières, parce qu'ils n'avaient que des instrumens grossiers ; mais les connaissances humaines devaient être ainsi imparfaites dans leur origine, avant de s'élever au point où elles sont aujourd'hui ; il fallait l'invention du télescope qui ouvrit le ciel aux observateurs, et le perfectionnement de l'horlogerie qui mesure le temps avec une précision rigoureuse.

Ce ne fut premièrement qu'un simple vertical ou un bâton planté en terre, dont on observa la longueur de l'ombre tous les jours de l'année, dans les différentes hauteurs du soleil. Après plusieurs années d'observations, on crut s'apercevoir que le même maximum et le même minimum de longueur de l'ombre, revenaient régulièrement quand le soleil avait paru se lever et se coucher trois cent soixante-cinq fois : et que dans cet intervalle, on voyait deux fois la longueur du jour égale

à la longueur de la nuit. Ces premiers observateurs cherchaient, sans le savoir, ce
qu'on nomme aujourd'hui l'*année tropique*,
ou la durée du temps que le soleil paraît
employer à revenir au même équinoxe ou
au même solstice. Le compte du temps qu'ils
firent de 365 jours n'était pas exact, il était
trop court d'environ un quart de jour toutes
les années. Sans pénétrer le principe de leur
erreur, ces peuples commencèrent à distinguer deux sortes d'années : savoir, la
grande année solaire qu'ils nommèrent l'année sacrée, et la petite année fut nommée
l'année civile, laquelle, comme il est dit
plus haut, était trop courte d'environ un
quart de jour.

Ce quart de jour, ignoré ou négligé,
faisait commencer l'année civile d'un jour
entier trop tôt tous les quatre ans, de deux
jours tous les huit ans, de trois jours tous
les douze ans ; de sorte que le commencement de l'année civile anticipait sur le retour de l'année sacrée ou solaire, et cette
anticipation s'accumulait d'un jour tous les
quatre ans. De cette manière, le commencement de l'année sacrée ou solaire par-
courait, de quatre en quatre ans, tous les
jours de l'année civile qui n'était que de
365 jours, à raison d'un quart de jour négligé tous les quatre ans. Il fallait quatre

fois 365 ans pour que le commencement
de l'année civile coïncidât avec le commencement de l'année solaire : ce retour si dé-
siré par ces peuples qui croyaient à l'astro-
logie, n'arrivait que tous les 1440 ans, qui
est le nombre 365 multiplié par quatre. La
1461ᵉ année, qui recommençait cette période
extraordinaire, était regardée comme privi-
légiée : heureux les êtres qui naissaient dans
cette année-là : infiniment heureux les êtres
qui naissaient le jour même où commençaient en même-temps l'année sacrée et
l'année civile.

De même que toutes les années civiles
on voyait arriver des oiseaux qui annoncent
le retour du printemps, comme l'hyron-
delle ; de même ces peuples anciens se re-
présentaient qu'au retour du commencement
de l'année solaire ou sacrée, il paraissait un
oiseau d'une beauté extraordinaire auquel
aucun autre n'était comparable, ils le nommèrent *le Phénix*. Selon la croyance de ces
peuples, cet oiseau singulier, qui venait
du pays des ténèbres, allait se brûler sur
l'autel du soleil, et renaissait de ses cendres,
pour reparaître encore 1460 ans après.

Selon d'anciens auteurs cités par Pline,
cet autel du soleil était, à ce qu'il paraît,
dans une province nommée la Panchæa,
ou plutôt une île faisant partie d'un petit

Archipel de trois îles, au sud de l'Arabie.
Cette Panchæa, rejetée par Strabon, est rap-
pelée par Virgile dans ses Géorgiques, où
le poëte cite la Panchæa dont le terroir fer-
tile produit de l'encens. Les auteurs cités par
Pline, disaient que c'était en Panchæa que
le Phénix déposait sur l'autel du soleil son
nid, qui était à la fois sa tombe et son
berceau. Il paraît que la Panchæa était le
séjour des Panchæens, colonie d'arabes établis en Afrique. Des hiéroglyphes égyptiens
trouvés en Panchæa, témoignent que ce pays
faisait partie de l'Afrique : on y reconnaîtrait
volontiers le groupe d'îles dont l'île de
Socotora faisait partie. La fable du Phénix
fut peut-être inventée par les premiers égyptiens : or l'île Socotora étant située au sud-
est de l'Egypte, il est probable que, au
solstice d'hiver, le soleil paraissait se lever
sur la direction de l'île Socotora ; et cette île
étant la province la plus éloignée à l'orient
d'hiver, elle fut préférée pour y placer
en Panchæa l'autel du soleil. Mais la fable
du Phénix n'est évidemment qu'une allé-
gorie, et le bel oiseau est le soleil lui-même
qui paraissait recommencer la période de
1460 ans. Aujourd'hui encore l'expression de
Phénix est en usage pour représenter une
chose, un homme, un oiseau très-extra-
ordinaire.

Vous êtes le Phénix des hôtes de ces bois. *Lafontaine.*

Cette manière de compter le temps par
année sacrée et année civile, fut ensuite in-
terrompue, sans doute par des guerres, des
troubles, ou des révolutions quelconques.
Les hommes qui vinrent ensuite firent encore usage du vertical pour mesurer la hauteur du soleil, mais ils ne comptèrent plus
que par année civile de 365 jours ; elle était,
comme en premier lieu, trop courte d'environ un quart de jour ; en sorte qu'au bout
de quelques années, les observations ne cor-
respondaient plus avec le temps fixé dans
l'ordre des époques. Il fallait plus de trois
cent soixante-cinq levers et couchers du soleil
pour reconnaître les mêmes observations
faites les années précédentes : on allongeait
d'un jour à l'autre l'année, en attendant
l'époque observée, et on corrigeait enfin.
On recommençait l'année quand l'ombre du
vertical était arrivé à son maximum de longueur, c'est-à-dire, au solstice d'hiver. Trois
cent soixant-cinq jours après, on se trouvait
à-peu-près d'accord avec le soleil ; il n'y
avait qu'environ un quart de jour de différence : et sans pouvoir l'éviter, d'une année à l'autre, on arrivait encore trop tôt
au premier jour de l'année civile ; l'ombre
du vertical n'était pas encore arrivée à son
maximum de longueur : il fallait attendre

de nouveau, encore allonger l'année, et c'était toujours à recommencer.

Quoique très-imparfait, ce travail assidu était au plus praticable dans le temps de la tranquillité des peuples ; mais quand ils étaient en guerre, il n'y avait plus d'observateurs, les comptes étaient interrompus, il n'y avait plus d'ordre dans les époques : et cette ignorance en chronologie dura plusieurs siècles ; tellement que, dans le plus beau temps des Romains, le Calendrier était en grand désordre : on ajoutait, souvent à l'aventure, un certain nombre de jours que l'on comptait bien ou mal, pour faire commencer l'année civile romaine, avec le renouvellement de l'année solaire au solstice d'hiver. L'histoire rapporte que l'an 708 de la fondation de Rome, on ajouta au moins 67 jours, et qu'elle fut composée de 432 jours, ou selon d'autres, 445. Aussi comme personne n'entendait plus rien au Calendrier, on nomma l'an 708, l'année de la grande confusion. C'est le temps où vivait Virgile ; il composa sa première églogue l'an 713 de Rome. Les Romains étaient d'autant plus blamables de leur ignorance en astronomie que, bien avant eux, les Egyptiens et même les Chaldéens avaient observé que l'année était composée de 365 jours et un quart : cent quatre-vingts ans avant l'ère chrétienne, un grec, justement célèbre dans les fastes de l'astronomie, Hypparque avait déterminé la longueur de l'année à trois cent soixante-cinq jours cinq heures cinquante cinq minutes et quelques secondes : la question est de savoir comment le génie d'Hypparque lui suggéra une méthode si précise, qu'elle ne diffère pas de six minutes des observations modernes, faites avec les deux puissans secours du télescope et de l'horloge perfectionnée, instrumens sublimes, dont l'un sert à mesurer les distances, l'autre à régler le temps.

Lors de la découverte du nouveau monde, on reconnut que les habitans du Pérou et du Mexique avaient divisé l'année en 365 jours, chacune distribuée en mois lunaires de 30 jours. Les mois étaient divisés en quatre parties qui semblent être des semaines. On trouva chez les Mexicains une période de cinquante deux ans, divisée en quatre parties de treize années. Ces peuples croyaient qu'à chaque période de 52 ans, le soleil finissait, et qu'il en paraissait un nouveau, dont ils célébraient l'arrivée au bruit des tambours, des instrumens et des chants joyeux. Cette période de 52 ans était représentée par une roue chargée de caractères hiéroglyphiques qui vraisemblablement exprimaient les fractions du temps. Ce nombre de 52 ans, qui

2

formait la période solaire , avait peut-être
des rapports avec la période de 52 semaines
qui réunies forment un an , plus les fractions de semaines ; ce qui donnerait deux
périodes distinctes , solaire et civile : n'ayant
pas la connaissance des expressions hiéroglyphiques , on ne peut pas reconnaître les
fractions du temps : mais au moins on retrouve des nombres un peu exacts , qui
annoncent des observations passables ; tandis
que les Romains déjà très-avancés dans l'art
de sabrer et de conquérir leurs voisins ,
étaient très-reculés en observations astronomiques ; ils croyaient qu'en faisant un grand
bruit pendant une éclypse de Lune, on sou-
lageait les douleurs de cette déesse. Ils comptaient le temps par mois lunaires , selon le
Calendrier de Numa. L'année lunaire étant
trop courte , il fallait ajouter un supplément
qui était mal prévu tous les ans.

Lorsque Jules-César devint maître de l'Empire romain , dont il était l'empereur et le
pontife souverain, il s'occupa essentiellement
du Calendrier , qui avait le plus grand besoin
de son puissant secours. L'an 45 avant l'ère
chrétienne , Jules-César fit venir un astronome célèbre d'Alexandrie , nommé *Sogis-
zènes* , ce fut d'après les bons avis et les
calculs de ce savant que l'empereur ordonna
une nouvelle manière de compter le temps

par année solaire ; cette méthode renou-
velée des anciens ; diminua de beaucoup le
désordre du Calendrier : mais comme on
suivait encore l'indication mal observée de
l'ombre du vertical au solstice d'hiver , au
temps de Jules-César on faisait encore l'année solaire de six heures trop courte. Par
les ordres de cet empereur , on la fit de
onze minutes trop longue , et le Calendrier
Julien s'établit.

Jules-César adopta et fixa des intercalations
régulières, il laissa accumuler pendant quatre
ans les six heures *en moins* dont l'année
était trop courte ; et il intercala un jour
de plus à la quatrième année. Cette intercalation , d'un jour de plus tous les quatre
ans , se répétait cent fois dans quatre cents
ans , au bout de ce temps, on avait compté
cent jours intercalaires de plus au Calendrier.
Dans la suite , l'expérience prouva qu'une
nouvelle erreur s'était introduite *en plus* de
11 minutes dont l'année était trop longue :
et bien des siècles après on reconnût clai-
rement qu'il ne fallait intercaler que quatre
vingt dix-sept jours tous les quatre cents
ans ; comme il sera facile de s'en convaincre
quand on connaîtra le mode d'intercalation
que l'on décida.

Il est bon de rappeler, que lors de l'établissement de l'année civile romaine , elle

n'était composée que de dix mois. Dans la suite , on ajouta deux nouveaux mois , janvier , février , que l'on plaça les deux premiers de l'année : les quatre derniers qui , dans le principe , étaient 7 , 8 , 9 , 10 , furent poussés de deux rangs , et devinrent 9 , 10 , 11 , 12 : on changea les noms de quintile et sextile en l'honneur de Jules-César et d'Auguste , on en fit juillet et août : pour que août fut de 31 jours comme juillet , il fallut prendre un jour au mois de février qui n'en eut plus que 28 : s'il en a 29 tous les quatre ans , la cause en est aux intercalations. Les quatre derniers mois de l'année, qui furent poussés de deux rangs , ne changèrent pas les noms qui indiquent l'ordre qu'ils avaient jusqu'à dix , et devinrent les quatre derniers jusqu'à douze qu'ils ont encore aujourd'hui , comme il est facile de le vérifier : 7, septembre, 8, octobre, 9, novembre , 10 , décembre : on voit que ces noms dérivent du latin.

Il fut question de donner une place dans l'année, tous les quatre ans, au jour intercalaire que Jules-César avait ordonné: mais qu'elle place lui donner ? Les romains ne comptaient pas les quantièmes du mois comme nous par 1 , 2 , 3 , 4 , etc.; les mois romains étaient divisés en trois époques qui variaient en nombres de jours selon certaines

circonstances : les trois époques étaient nommées ainsi : les Calendes., les Nones, les Ides.
Les jours du mois ou les quantièmes, prenaient
leurs noms selon l'ordre dans lequel ils précédaient une des trois époques ; comme par
exemple : le huitième avant les Ides , le
septième avant les Ides , le sixième avant les
Ides , etc. ; et enfin les Ides. Les Calendes
commençaient les mois, donc le premier
de mars était le jour des Calendes de mars :
les jours qui précédaient cette époque étaient
nommés suivant leur ordre avant les Calendes.

. Par cet arrangement on voit que les jours
du mois étaient désignés en ordre de numéros
par rangs rétrogrades jusqu'aux jours des trois
époques fixes ; or toutes les places étaient
occupées ; et il fallait en trouver une pour
le jour intercalaire tous les quatre ans d'après
l'ordre de Jules-César. On le plaça dans le
nombre des jours avant les Calendes de Mars,
et on voulut qu'il fut entre le cinquième
et le septième : cette place était occupée par
le sixième , on décida que tous les quatre ans
il y aurait deux sixièmes avant les Calendes
de Mars qui étaient le lendemain de la fête
du dieu *Terme* , dont on se servait pour
marquer les bornes des champs. Ovide en
parle dans les deux vers suivans :

Termine, sive lapis, sive es desertus in agro,
Stipes ab antiquis , tu quoque numen habes.

Dans le langage latin, le jour sixième avant les Calendes se nommait *sexto ante calendas*; le second sixième fut nommé *bis sexto ante calendas*, ou simplement *bis sexto*. Ces deux mots latins furent corrompus dans la suite, et on en fit un mot aujourd'hui français : *bissextile*.

Voici la raison pourquoi ou comment il s'introduisit une nouvelle erreur dans le Calendrier. L'intercalation d'un jour de plus tous les quatre ans, à raison de six heures par an, qui donna naissance aux années bissextiles, arrangea passablement les choses, à onze minutes près tous les ans, dont l'année civile romaine était trop longue; parceque la révolution annuelle *apparente* du Soleil est de trois cent soixante-cinq jours six heures moins onze minutes environ, et les Romains croyaient les six heures complètes, d'après les ordres de Jules-César. Les onze minutes de trop à l'année s'accumulaient tous les ans, ensorte que 133 ans après l'établissement du Calendrier Julien, les onze minutes répétées 133 fois, faisaient 1463 minutes, ou plus d'un jour qui n'est composé que de 1440 minutes ; et tous les 133 ans, le Calendrier Julien retardait d'un jour plus 23 minutes sur le temps du Soleil, parce que la nouvelle année civile romaine était

de 11 minutes et 14 secondes plus longue
que l'année solaire.

A l'exemple des Romains toute l'Europe
fit la même erreur, en suivant le Calendrier
Julien; et cette erreur de onze minutes *environ*
de retard tous les ans, s'était accumulée depuis Jules-César jusqu'à la fin du seizième
siècle de l'ère chrétienne, sous le pontificat
de Grégoire XIII; ce pape réforma de nouveau le Calendrier: à cette nouvelle réforme,
le Calendrier reçut le nom de Calendrier
Grégorien, en l'honneur de Grégoire.

Déjà dans le quinzième siècle l'erreur du
Calendrier Julien était tellement bien con-
nue, qu'un homme célèbre qui fit honneur
à la France, Pierre d'Ailly, né à Compiègne
l'an 1350, Docteur en Sorbonne l'an 1380,
Chancelier de l'Université de Paris, etc., etc.,
d'Ailly, fait Cardinal l'an 1411, mourut à
Avignon l'an 1419; il était alors Légat du
Pape Martin V. Il fit plusieurs savans ouvrages sur l'Astronomie, entre autres un
sous le titre *Imago mundi*, terminé le 12
Août 1410. D'Ailly composa un ouvrage
très-curieux, sur les défauts du Calendrier
Julien, et la nécessité de le réformer; cet
ouvrage est dédié au Pape Jean XXIII, et
adressé à un Concile général, sous le titre
suivant : *Exhortatio ad Concilium generale
super Kalendarii correctionem.* Cet ouvrage

est du commencement du quinzième siècle, et la réforme du Calendrier n'eut cependant lieu qu'à la fin du seizième, c'est-à-dire plus de cent cinquante ans après.

Dans le seizième siècle, sous le pontificat de Paul III, la cour de Rome invita le célèbre Copernic à mettre de l'ordre dans le Calendrier. Ce savant astronome employa la méthode qui fut en usage chez les Chaldéens, de mesurer la longueur de l'année, sur le retour apparent du Soleil à une même étoile : *c'est l'année sidérale*. Copernic donna de très-bonnes informations pour réparer le Calendrier ; cependant il fallut encore plus d'un demi-siècle pour opérer.

Lors de la réforme du Calendrier Julien par le Pape Grégoire XIII, l'erreur accumulée depuis Jules-César était de dix jours en retard sur le temps du Soleil, vers la fin du seizième siècle dans toute l'Europe. Pour remédier à ce désordre, le Pape Grégoire XIII proposa la réforme de l'erreur manifeste à tous les princes chrétiens catholiques romains, qui l'acceptèrent avec joie, tellement ils étaient pénétrés des écrits qui paraissaient tous les jours au sujet du désordre du Calendrier Julien.

Alors sans plus tarder, le Pape prononça une Bulle formelle qui supprima le Calendrier Julien ; on commença l'an 1582 et le

jour du 4 octobre ; le lendemain au lieu de
dire 5 on compta 15 octobre ; ce mois n'eut
que vingt-un jours ; pour avancer tout d'un
coup les dates du Calendrier des dix jours
dont il était en retard ; et afin que dans les
siècles à venir cela n'arrivât plus,, Grégoire
XIII ordonna de supprimer trois jours intercalaires ou bissextiles , sur quatre siècles
consécutifs du Calendrier Julien ; parcequ'il
fut prouvé par une longue expérience que
le Calendrier Julien retarde d'un jour sur
le mouvement *apparent* du Soleil , au bout
de 133 révolutions annuelles qui font 133
ans. On voit que trois fois 133 ans font
399 , ou presque 400, et la Bulle du Pape
portait qu'à l'avenir on supprimerait trois
jours tous les quatre siècles , à partir de
l'an 1601 , parceque pour complèter l'erreur
il fallut que l'an 1600 fut encore bissextile
et eût un 29 février. Donc on n'a commencé
qu'à l'an 1700 de supprimer les 29 février
de trois siècles, sur quatre siècles consécutifs ; en conséquence les années 1700 , 1800,
1900 ne sont plus bissextiles, mais l'an 2000
le sera , et ainsi de suite tous les quatre
siècles (1).

(1) Extrait de la bulle du pape Grégoire XIII.
« Afin que dorénavant l'équinoxe du printemps arrive
« toujours dans le 12 des Calendes d'avril, qui est le

Cette Bulle fut signée le 24 février 1582.
Tous les contemporains qui se rappellent
de la fin du dernier siècle , sont témoins
et peuvent vérifier que l'an 1800 , comme
l'an 1700 , n'ont pas eu de 29 février , ou
n'ont pas été bissextiles d'après la réforme,
et ces deux années sont restées bissextiles
dans le Calendrier Julien. La réforme de
trois jours bissextiles tous les quatre siècles ,
fut ordonnée l'an 1582 ; et elle n'a commencé à avoir son effet que l'an 1700 ,
c'est-à-dire , 118 ans après. Donc le Pape Grégoire XIII , ni aucun des savans qu'il ras-
sembla pour combiner et opérer cette réforme , n'ont joui de leur ouvrage à jamais
mémorable , que dans la très-louable inten-
tion de faire du bien à la postérité ; et c'est
nous au dix-neuvième siècle qui en jouissons.

« 21me. jour de mars, nous avons ordonné que de 4
« en 4 années, le bissexte sera continué comme de
« coutume ; excepté les centièmes années , lesquelles,
« quoiqu'elles aient été toutes bissextiles jusqu'à présent,
« comme nous voulons que soit l'année 1600 ; Nous
« voulons néanmoins que les autres centièmes années qui
« viendront après, ne soient pas toutes bissextiles ; mais
« seulement de 400 en 400 années, la centième aura
« bissexte ; en telle façon que les années 1700, 1800 et
« 1900 ne soient pas bissextiles, et que l'année 2000 ait
« bissexte, et le mois de février 29 jours, et que tel
« ordre de bissexte soit gardé à perpétuité ».

Attendu, que la révolution annuelle du Soleil autour de la Terre, ou de la Terre autour du Soleil, comme on voudra l'admettre, ne peut pas se diviser précisément en jours complets, et qu'il reste des heures, minutes et secondes; les réformateurs qui travaillèrent sous les ordres de Grégoire XIII, furent obligés de faire et de laisser subsister une nouvelle petite erreur en retard du nouveau Calendrier; erreur inévitable, quoique très-petite, de trentesix minutes par siècle, qui réparties également sur cent années, n'est que de vingtune secondes six dixièmes de seconde par an. Cette légère erreur, reconnue par les Astronomes modernes, est incorrigible si ce n'est en la laissant accumuler de siècle en siècle, jusqu'à ce qu'elle influe d'un jour sur les dates du Calendrier.

L'erreur de 36 minutes en retard par siècle, a commencé à la fin du dix-septième siècle, c'est-à-dire, l'an 1700; comme elle augmente de 36 minutes tous les siècles, à la fin du dix-huitième siècle, c'est-à-dire, l'an 1800, l'erreur a été de 72 minutes; nous sommes dans le dix-neuvième siècle, il y a vingtcinq ans de passés sur ce siècle, l'erreur a augmenté de 9 minutes de plus qu'elle n'était à la fin de 1800; 72 qu'il y avait et 9 de plus font 81 minutes pour l'an 1825. A la fin du siècle, l'an 1900, l'erreur sera de 108 minutes, ou trois fois 36 minutes, pour trois siècles ; ce retard n'influe pas encore sur la date journalière du Calendrier ou la Chronologie. Il faudra laisser accumuler les 36 minutes de retard par siècle jusqu'à l'an 5600, parce que à la fin du siècle 5600, à partir de l'an 1601, l'erreur aura duré pendant quarante siècles, et que les 36 minutes de retard par siècle répétées 40 fois, font un total de 1440 minutes ou 24 heures qui font un jour à supprimer, pour avancer la date du Calendrier d'un jour qu'il aura retardé pendant quarante siècles.

D'après la réforme qui supprime à l'avenir trois jours sur quatre siècles consécutifs à partir de 1601, l'an 5600 devrait être bissextile et avoir un 29 février ; mais comme il faudra suivre l'analogie de la réforme, on supprimera ce 29 février de l'an 5600, ce sera un *mardi* qui deviendra premier mars ; et l'erreur commise pendant quarante siècles, sera réparée en un jour. Ensuite on recommencera la même petite erreur de 36 minutes par siècles pendant les quarante siècles suivans, pour la réparer de nouveau ; et ainsi de suite tous les quarante siècles. Avec cette méthode, il faudra quinze périodes de quarante siècles, ou soixante mille ans, avant qu'il y ait encore un jour d'erreur au Calendrier Grégorien; mais alors il faudra rétablir une fois le 29 février (1), et ainsi de suite tous les 60,000 ans. De cette manière, l'année Civile ou Grégorienne sera toujours d'accord avec l'année Solaire.

Conclusion. — La réforme du Calendrier Julien par le pape Grégoire XIII, fut donc, de supprimer trois jours tous les quatre siècles, sur les cent jours intercalaires ou bissextiles que Jules-César avait établis tous les quatre cents ans, et de même que la réforme supprime trois jours tous les quatre siècles, de même l'analogie de la réforme supprime encore un jour tous les quarante siècles; pour le rétablir une fois, toutes les quinze périodes de quarante siècles, afin de maintenir l'accord du Calendrier Grégorien avec le temps du Soleil, jusqu'à la consommation des siècles.

Parmi les savans rassemblés par Grégoire XIII, on cite avec éloge un médecin et astronome de Vérone, nommé Aloïsius Luilius, ou Lœlius, qui contribua beaucoup à éclairer le conseil du pape : malheureusement ce médecin mourut avant la fin du travail où il eut tant de gloire. Un de ses frères l'avait remplacé au Conseil, composé de plu-

---

(1) Delambre.

sieurs Prélats et d'hommes remarquables,
parmi lesquels on en distinguait trois, savoir:
Vincent Lauré, évêque de Mont-Devis, fort
docte en sciences; il approuva les calculs
d'Aloïsius Luilius. Ensuite, un savant jésuite
allemand, nommé Clavius; il composa un
livre qui expliqua très-bien le nouveau Calendrier, ses usages, et le bien à venir qui
en résulterait. Le troisième était Ignace Dante,
qui fit élever dans l'église de Sainte-Pétrone, à
Bologne, un gnomon, et une ligne méridienne
pour servir à la réforme du Calendrier.

L'entreprise de cette réforme n'était pas
facile dans les opinions; de partout les gens
éclairés demandaient bien à Rome de mettre
de l'ordre dans le Calendrier; mais il y avait
en Europe des divisions récentes dans les
croyances religieuses qui contrariaient les pro-
positions de Grégoire XIII: avant son pontificat, on avait entrepris plusieurs fois sans
succès de réformer le Calendrier Julien (1);
mais il fallait contenter tout le monde,
et ce fut toujours une grande difficulté;
aussi malgré l'évidence des erreurs du Calendrier, il y eut de l'entêtement qui fit

____

(1) L'an 1414, au concile de Constance. L'an 1439,
au concile de Basle. L'an 1516, au concile de Latran.
L'an 1563 au concile de Trente.

retarder l'adoption de la réforme dans certains pays.

Les réformateurs firent plus pour nous que pour eux : ils n'eurent d'autre avantage que de compter 15 le lendemain du 4 octobre 1582 ; et cet avantage fut à coup sûr un grand souci avant de pouvoir persuader la très-nombreuse classe ignorante des peuples, qui ne dut voir dans ce changement, que de la gêne dans ses habitudes journalières, et dans son commerce. Il fallut arranger tout cela à l'amiable, ce qui n'est pas facile avec des gens de mauvaise humeur.

Malgré toutes ces difficultés, qui n'étaient que des conséquences de bien plus grandes difficultés vaincues, les réformateurs eurent l'adresse d'opérer la réforme ; ils laissèrent à la postérité le soin d'en vérifier l'exactitude : et quand il en sera temps, c'est à la postérité de suivre l'analogie de cette réforme mémorable ; sans quoi il y aurait encore un commencement de désordre dans les dates du Calendrier, et c'est un premier pas vers la barbarie.

Les peuples et les réunions de sociétés qui n'adoptèrent pas la réforme du Calendrier Julien, *parce qu'elle avait été proposée par un pape*, furent obligés de compter dix jours de différence, et de dater les époques de deux manières pour s'entendre avec les peuples qui adoptèrent la réforme. Ceux qui la refusèrent prirent le moyen de distinguer un vieux style qui retarde les dates de trois jours tous les quatre siècles, sans jamais réparer son retard, d'avec le nouveau style qui ne retarde que d'un jour tous les quarante siècles, et peut se réparer en supprimant un jour, comme l'indique l'analogie de la réforme. Il fallut que le vieux style comptât dix jours de retard sur le nouveau, parce que le lendemain du 4 octobre de l'an 1582, le vieux style ne compta pas 15 octobre comme le nouveau.

A la fin du siècle suivant, l'an 1700, le 29 février compté mal-à-propos, augmenta le vieux style d'un jour, retarda les dates d'un onzième jour, et pendant tout le dix-huitième siècle, les partisans du vieux style ont compté onze jours de vieux style. A la fin du dix-huitième siècle, l'an 1800, le 29 février, encore compté mal-à-propos, augmenta le vieux style encore d'un jour, retarda les dates d'un douzième jour, et ses partisans comptent et compteront douze de vieux style pendant tout le dix-neuvième siècle. L'an 1900, le 29 février encore compté mal-à-propos, augmentera le vieux style d'un treizième jour, et jusqu'à l'an 2000, il faudra que les partisans comptent 13 de vieux style. Il y aura déjà trois jours de plus au vieux style, à cause de trois 29 février comptés mal-à-propos depuis la réforme, pour les trois années des siècles 1700, 1800, 1900. L'an 2000 n'augmentera pas le retard du vieux style, parce que dans tous les pays, tous les peuples qui suivent le Calendrier Grégorien compteront le 29 février d'après l'ordre et la juste prévoyance de Grégoire XIII. Cependant le vieux style comptera 14 de vieux style ; mais comme le nouveau style aura compté le 29 février de l'an 2000, le vieux style n'aura retardé que de trois jours dans les quatre siècles 1700, 1800, 1900, 2000. Les quatre siècles suivans, le vieux style retardera encore de trois jours ; l'an 2,400, on comptera 18 de vieux style. Et comme le nouveau style comptera le 29 février, cette même année 2,400, le vieux style n'aura retardé que de trois jours dans les quatre siècles 2,100, 2,200, 2,300, 2,400, et ainsi de suite tous les quatre siècles pour le vieux et le nouveau style, jusqu'à l'an cinq mille six cents, époque où il faudra suivre l'analogie de la réforme, qui indique de supprimer un jour au Calendrier Grégorien tous les quarante siècles, ou 4,000 ans.

Si on s'obstine à compter de cette manière, le vieux style ira toujours en augmentant son retard de trois jours tous les quatre siècles : ensorte que l'an 5,600, quand

3

on supprimera le 29 février pour suivre l'a-
nalogie de la réforme, il faudra que les partisans du vieux style datent les époques en
retard, cinquante jours de vieux style, à
cause de quarante 29 février qu'ils auront
comptés mal-à-propos pendant quarante siècles, en sus des dix jours de retard qu'il y avait
à l'époque de la réforme du Calendrier Julien
l'an 1582 ; ils compteront un mois et vingt
jours de vieux style ; donc il y aura de la confusion dans les noms des mois, et la date
des jours avec le nouveau style. Dans la suite,
il faudra qu'ils comptent et datent les époques par années, mois et jours de vieux style,
et tout cela, parce que la réforme *indispen-
sable* du Calendrier Julien, fut proposée
par *un pape !....* Il semble cependant que les
bonnes choses qui intéressent toutes les classes
de la société, doivent être acceptées d'où
qu'elles viennent. Quand la lumière nous
éclaire, qu'importe la main qui tient le
flambeau.

CALENDRIER RELIGIEUX.

Avant la réforme par Grégoire XIII, il y
avait au Calendrier un seconde erreur encore
plus grave que la première, concernant les
mouvemens de la Lune, sur lesquels depuis
la plus haute antiquité, les peuples réunis

en sociétés nomades ou errantes, réglèrent
la célébration de leurs fêtes religieuses, dont
les premières furent les Néoménies, ou les
rassemblemens des familles sur des lieux élevés, pour découvrir plus distinctement et
plutôt le croissant à toutes les nouvelles Lunes.
Ces jours-là étaient consacrés au jeûne, à la
retraite, à la prière. Aujourd'hui ces mêmes
mouvemens de la Lune, mieux observés et
prévus avec l'exactitude la plus rigoureuse,
nous servent encore de règles pour célébrer
nos fêtes religieuses, dites *mobiles.*

Pour établir le Calendrier Julien, on se
fia aux observations des Grecs sur les mouvemens de la Lune. N'ayant pas les instrumens nécessaires, les Grecs firent des fautes;
imitées par les Romains, et suivies par les
premiers Chrétiens : ceux-ci établirent la célébration de la fête de Pâques, qui dirige
toutes les fêtes mobiles, sur les observations
des Grecs qui étaient fautives. Aussi à l'époque de la réforme du Calendrier, il y avait
quatre jours de mécompte ; à la longue, le
Calendrier aurait annoncé Pâques, dans un
des quartiers de la Lune, au lieu de la pleine
Lune. Vers la fin du seizième siècle, on ne
savait déjà plus comment s'y prendre pour
sortir de cet embarras. Il fallut que les réformateurs, rassemblés par Grégoire XIII,
remédiassent à cette seconde erreur, bien

autrement grave que la première. Cependant, malgré la complication de difficulté que donnaient les deux erreurs du Calendrier, les réformateurs triomphèrent encore de la seconde, et l'arrêtèrent au moyen des épactes proposées par le médecin et astronome de Vérone nommé Aloïlius Luilius. Le mot épacte veut dire l'âge de la Lune au premier de janvier.

Afin que la loi de l'Eglise fut établie d'une manière positive, après avoir reconnu d'une part, que la différence des méridiens terrestres apporterait de la différence dans les heures des observations; et d'autre part, que l'équinoxe du printemps varie entre le 19 et le 23 mars, on convint d'un équinoxe moyen fixé au 21 mars, et on fit l'application des épactes. Depuis cette convention, les nouvelles et pleines lunes moyennes sont bien prévues d'avance, et toutes les années, la célébration du saint jour de Pâques est le dimanche qui suit la pleine Lune d'après l'équinoxe du printemps, époque à jamais mémorable pour les Chrétiens, où la victime sainte fut immolée sur le Calvaire, et ressuscita le dimanche troisième jour après sa mort. Il était très-essentiel pour les Chrétiens de fixer l'anniversaire de cette époque dans le nouveau Calendrier.

Voici le commencement, les progrès et la

correction de la seconde erreur du Calendrier.

Environ quatre siècles et demi avant l'ère
chrétienne, un astronome Grec d'Athènes
se rendit célèbre par une observation qu'il
fit, ou selon d'autres, qu'il renouvela des
Orientaux. Quoi que ce soit, il en eut toute
la gloire; mais il fit une erreur, laquelle
trop petite pour être aperçue de son temps,
fut découverte longtemps après. Cette erreur
suivie par les Chrétiens avait fait du ravage
dans le Calendrier religieux, lors de la réforme qui n'eut lieu qu'environ vingt siècles
après l'observation de l'astronome d'Athènes.

Le célèbre Méton observa qu'il fallait précisément dix-neuf années solaires pour que la
Lune revînt en conjonction, c'est-à-dire nouvelle, le même jour, en face du même point
du ciel, et que dans le même temps des dix-
neuf années solaires, la Lune avait précisément accompli deux cent trente-cinq lunaisons ou révolutions synodiques autour de la
terre; et que les 235 lunaisons terminées, il
fallait recommencer la période de dix-neuf
ans, pour compter encore 235 lunaisons; ce
qui faisait découvrir en apparence un ordre
invariable dans les mouvemens de la Lune,
qui, à dire vrai ne diffèrent que d'un jour
tous les trois siècles, et quelques années
de plus.

Ce calcul de Méton fut tellement admiré par les Athéniens, qu'ils en gravèrent les nombres et le nom de l'auteur en lettres d'or sur la place publique d'Athènes, et sur tous les Almanachs ; dès-lors, ce nombre reçut par excellence le nom de Nombre d'or qu'il a conservé jusqu'à nos jours ; il y a déjà plus de vingt-trois siècles de son établissement.

Méton mourut comblé d'honneur et de gloire ; lui, ou ceux qui travaillèrent d'après lui, établirent le Cycle lunaire qui est composé de dix-neuf années solaires, ou de deux cent trente-cinq lunaisons. De cette manière (si elle eut été vraie), on aurait bien facilement annoncé les jours de nouvelles et pleines Lunes, pendant tout le Cycle de dix-neuf ans, pour recommencer le même compte, le Cycle suivant.

Ce ne fut que long-temps après Méton, que l'on s'est aperçu qu'il y a une différence dans le temps dont les nouvelles Lunes sont réellement. Après avoir réitéré bien des expériences, qu'on ne pouvait vérifier que tous les dix-neuf ans, on s'est aperçu qu'au bout de ce temps, la Lune a bien en effet terminé les deux cent trente-cinq lunaisons autour de la Terre, et qu'elle revient le même jour en face du même point du Ciel, ce qui justifie la remarque de Méton : la Lune revient le même jour en conjonction, mais

pas à la même heure ; et Méton ne se trompa
que quant aux heures. Pour que la découverte de Méton ait été vérifiée avec exactitude,
il a fallu que les générations attendissent le
perfectionnement de l'Horlogerie , dont les
Athéniens n'ont pas eu l'idée ; du moins
l'Histoire ne dit pas que dans les saccages
de Corinthe et d'Athènes par Mummius et
Sylla , la barbare fureur des soldats romains
ait détruit des clepsydres ou horloges d'eau
assez exactes , pour mesurer le temps rigoureusement. Cependant les Athéniens durent
conserver les instrumens de Méton , ou peut-
être furent-ils la proie des flammes , comme
tant d'autres belles productions du génie
des Grecs.

Quand on dit une Lunaison , c'est-à-dire,
le temps que la Lune emploie d'une nouvelle
Lune à la prochaine nouvelle Lune ; c'est une
révolution sinodique de la Lune autour de
la Terre ; ce temps est composé de 29 jours
12 heures 44 minutes et environ 3 secondes.
Ceci est le mouvement moyen , c'est-à-dire ,
le mouvement dégagé des inégalités qui l'al-
tèrent et se détruisent périodiquement. Quand
on dit 29 jours, c'est-à-dire , 29 fois 24 heures,
à partir indifféremment dans les 24 heures
dont un jour est composé. La révolution
périodique de la Lune , est autre chose en
Astronomie.

Quand une Lunaison est terminée, la Lune ne parait visible que lorsque gagnant vers l'Orient elle se dégage des rayons du Soleil, qui par rapport à elle, et nous, est à l'Occident ; alors la Lune par sa position élevée laisse voir de la Terre un filet de son hémisphère éclairé par le Soleil ; c'est le croissant. Méton guettait ce croissant à toutes les nouvelles Lunes, principalement tous les dix-neuf ans ; et les vapeurs de l'atmosphère s'opposent souvent aux observations astronomiques.

C'est une erreur commune à bien des personnes qui croyent qu'il y a une Lune à chaque mois de l'année ; alors il ne devrait y avoir qu'une pleine Lune dans le même mois ; mais cela n'arrive pas ainsi, puisque souvent il y a deux pleines Lunes dans le même mois, n'eut-il que trente jours, comme le mois de juin 1825, la Lune qui est pleine le 1.er, est encore pleine le 30. Donc il n'est pas exact de compter une Lunaison tous les mois.

Une Lunaison est un mois lunaire ; mais les mois lunaires étant plus courts que les mois solaires, l'année lunaire est plus courte que l'année solaire ; ce qui fait que l'année lunaire est composée de 354 jours 8 heures 48 minutes 36 secondes, et l'année solaire est composée de 365 jours 5 heures 49 mi-

nutes environ. Le Cycle lunaire est composé
de 19 années solaires, qui font 228 mois
solaires, ou des mois du Calendrier; mais
ces 228 mois solaires comprennent 235 mois
lunaires. Il y a une accélération continuelle
des mois lunaires sur les mois solaires; donc
19 ans ou 228 mois solaires contiennent
premièrement 228 mois lunaires, plus l'accélération répétée 228 fois, dont le total forme
encore 7 mois lunaires, qu'il faut ajouter
aux 228; alors 228 et 7 font 235 mois lunaires,
pour le Cycle lunaire, qui pris en temps
est de dix-neuf années solaires.

Quand la Lune est revenue au point de
l'observation le même jour après dix-neuf
ans, elle a complété ses 235 révolutions
ou mois lunaires autour de la terre; mais
elle les a terminées quatre-vingt-dix minutes
plutôt, que dix-neuf années solaires révolues:
voila la faute de Méton. Ensorte que la Lune
a recommencé une nouvelle période de 235
lunaisons, une heure et demie plutôt, que
la période de dix-neuf années solaires ne
recommence. Au bout de trente-huit ans,
la Lune a terminé deux périodes de 235
lunaisons, et elle recommence trois heures
plutôt que la première fois. Au bout de
soixante-seize ans elle recommence six heures
plutôt. Voilà déjà que l'erreur de Méton est
d'un quart de jour. La génération qui a

suivi Méton, pleine de confiance au Nombre d'or, ne s'est pas aperçu de l'erreur; parce que six heures après sa conjonction, la Lune n'est pas encore visible; et l'évaluation du temps qui s'est écoulé depuis la conjonction (nouvelle Lune), jusqu'à la première vue du croissant, présente des difficultés auxquelles les contemporains de Méton ne songèrent pas. Et d'ailleurs soixante-seize ans après la découverte, Méton était mort; on peut croire qu'il était vieux quand il annonça son travail aux Athéniens; il fallait qu'il eut été temoin de plusieurs périodes de dix-neuf ans; et on ne dit pas que les Grecs vécussent plus que nous.

Il est clair que 76 ans après le triomphe de Méton, le fameux Nombre d'or était fautif de six heures. 4 fois 76 ans font 304 ans, de manière que tous les trois siècles plus quatre ans, l'erreur de Méton était d'un jour; c'est-à-dire, que la Lune renouvelait une période de 235 lunaisons un jour plutôt que ne recommençait la période de 19 années solaires. Par la suite, 608 ans après l'établissement du Nombre d'or, l'erreur de Méton fut de deux jours; et nous avons dit en commençant que Méton fit sa découverte environ quatre siècles et demi avant l'ère chrétienne; ensorte que vers le milieu du second siècle de l'ère chrétienne, le Nombre d'or avait deux jours d'erreur.

Si avant la réforme du Calendrier on avait toujours suivi cette progression fautive d'un jour tous les 304 ans, lors de la réforme à la fin du seizième siècle l'erreur aurait dû être de six jours au moins : mais comme elle n'était que de quatre, on peut croire que déjà les chrétiens s'en étaient aperçu ; et ne pouvant corriger cette erreur, on s'était contenté de l'interrompre pour la recommencer. L'an 325 qui est une époque marquante pour la religion chrétienne, dut être favorable à cette correction provisoire, et jusqu'à la fin du seizième siècle, on retrouve assez de temps, pour les quatre jours d'erreur qu'il y avait au Calendrier religieux l'an 1582, l'orsque l'invention des épactes acceptées par Grégoire XIII, arrêta définitivement cette seconde erreur du Calendrier Julien. Depuis les épactes, la fête de Pâques est célébrée sans équivoque chez les chrétiens.

Malgré cette erreur du nombre d'or, les premiers chrétiens n'en célébraient pas moins l'anniversaire de la résurrection de Jésus-Christ, en dépit des vexations, des tourmens, du martyre ; mais il y avait entre eux une pieuse discussion, l'Evangile dit que Jésus-Christ mourut sur la croix, la veille du jour

du sabbat , *donc le vendredi* , à la pleine Lune
de mars ou du printemps. Les années d'après
il fut question de célébrer l'anniversaire de
la mort et de la résurrection de Jésus-Christ.
C'est-à-dire la fête de Pâques. Bon nombre
des premiers chrétiens étaient de l'avis des
apôtres Saint-Jean et Saint-Philippe ; ils
disaient , qu'il fallait toutes les années célébrer la fête de Pâques ou de la Passion , le
quatorzième jour de la Lune de mars , n'importe quel jour de la semaine , parce que
Jésus-Christ était mort sur la croix le qua-
torzieme jour de la Lune. Les autres chrétiens, disaient qu'il fallait célébrer toutes les
années la fête de Pâques, le dimanche, parce que Jésus-Christ était ressuscité un dimanche. C'est ainsi qu'il y eut Pâques de la
passion, et Pâques de la résurrection. Ils
auraient bien voulu pouvoir s'accorder tous
au même quantième du mois ou à peu près ;
mais par la différence qu'il y a des mois
solaires et des mois lunaires, il est impos-
sible que toutes les années la fête de Pâques
se rencontre au même quantième des mois
différens... Voilà le sujet de la pieuse alter-
cation des premiers chrétiens qui , depuis
la religion naissante, et pendant les trois
premiers siècles de l'Eglise, célébrèrent la
fête de Pâques à deux époques différentes ,
sans jamais cesser d'être parfaitement unis

dans la foi en Jésus-Christ mort sur la croix, et ressuscité le dimanche troisième jour après sa mort.

Le dogme de la foi si unanimement reconnu et professé, n'attendait plus qu'une décision de la discipline de l'Eglise, qui fixerait l'époque de la grande solennité des Chrétiens, pour célébrer tous ensemble, et d'une commune joie, l'anniversaire de la Résurrection glorieuse de Jésus-Christ.

Dans le deuxième siècle, sous le pontificat de Victor III, il y eût plusieurs Conciles ; on décida qu'à l'avenir on célébrerait la fête de Pâques un dimanche ; cette décision laissait encore du vague ; dans l'Asie mineure beaucoup d'Evêques ne voulurent pas y souscrire ; en tête de ce refus on distingua l'évêque d'Ephèse, alors Polycrate, celui-là refusa de se rendre même aux instances du Pontife. Les chrétiens d'Asie mineure furent traités d'hérétiques *quarto-décimans* (quatorzièmes) parce qu'ils suivaient l'usage des juifs. Ce furent les premières hérésies. Cependant par la suite, l'Eglise d'Asie consentit et se conforma, pour n'être pas traitée d'hérétique. Il n'y eut que dans la Syrie et la Mésopotamie que l'on résista.

Enfin, dans le quatrième siècle l'an 325, on voulut déterminer l'époque fixe de la fête de Pâques. Cette année-là fut remarquable pour les chrétiens. L'empereur Constantin venait d'abandonner les ténèbres du paganisme, pour s'éclairer des lumières de l'Evangile. Cet homme entreprenant établit une seconde Rome , sur les ruines de Byzance ; on la nomma Constantinople. L'empereur Constantin convoqua et présida le premier concile général à Nicée en Bythinie , où trois cent dix-huit Evèques représentèrent toute l'Eglise chrétienne. Il fut décidé de célébrer la fête de Pâques, le dimanche qui suit le jour de la pleine Lune de l'équinoxe du printemps , fixé au terme moyen du 21 mars. Le nombre d'or induisit encore en erreur...

Il est facile de voir que dans ces premiers temps de l'Église , malgré la soumission des Chrétiens, il y avait encore de l'indécision pour connaitre le jour de la célébration de la Pâques; puisque soixante-huit ans après le Concile général de Nicée tenu l'an 325, au Concile général d'Afrique , tenu à Hippone , le 8 octobre l'an 393 , où S.-Augustin , simple prêtre alors, se trouva et prêcha, il fut ordonné, que l'Evèque de Carthage indiquerait tous les ans à ses collègues, quel Dimanche il faudra célébrer la fête de Pâques l'année suivante: ce jour ne pouvait être que mal fixé, puisqu'il y avait de l'erreur dans le calcul en suivant le Nombre d'or, qui est fautif de six heures tous

les soixante-seize ans. Et c'est la suite de cette
erreur, qui déjà était de quatre jours à la
fin du seizieme siècle, quand elle fut arrêtée
par les réformateurs rassemblés par Grégoire
XIII, qui adoptèrent le beau travail du Médecin Astronome de Vérone, nommé *Aloïsius
Luilius.* Cet homme recommandable, déjà
cité, proposa le calcul des épactes qui sont des
supplémens aux années lunaires. Ce calcul
donne l'âge de la Lune à chaque lunaison,
ou depuis combien de jours la Lune a passé
le moment de la conjonction, au premier
jour du mois solaire. Quand on connait l'âge
de la Lune, ou depuis combien de temps
la Lune est nouvelle au premier de janvier,
il est facile de compter si elle sera pleine
Lune avant ou après l'équinoxe du Printemps; on fait l'application de la loi de
l'Eglise, et on connait sur quel Dimanche
tombera le jour de Pàques.

Mais l'Astronomie démontre, comme il
est dit plus haut, que la différence des méridiens terrestres apportait de la différence dans
les heures des observations, et que l'équinoxe de la nature varie entre le 19 et le 23
mars; il a fallu pour faire une loi fixe,
que l'Eglise adoptât des lunaisons moyennes,
et pour l'équinoxe, le terme moyen du 21
mars : ensorte que l'on suppose que l'équinoxe du Printemps est le 21 mars; c'est alors

l'équinoxe de l'Eglise ou du Calendrier religieux. Si à cette époque le plein de la Lune
est déjà passé (1), il faut que l'Eglise attende
la lunaison suivante, qu'elle compte sur
quel jour sera la pleine Lune, et le Dimanche
d'après sera le jour de Pâques. Une fois le
jour de Pâques connu, il est facile de déterminer toutes les fêtes mobiles, qui sont
toujours à la même distance du jour de Pâques. Après la fête de la Résurrection, viennent
celles de l'Ascension, de Pentecôte, la Trinité,
la Fête-Dieu, et toutes les autres Fêtes mobiles de moindre solennité. On peut également prévoir tout ce qui précède la fête de
Pâques, par conséquent, le commencement
du carême. Mais le mercredi des Cendres ne
peut jamais être avant le jour de la Purifi-
cation qui est le deux février, le surlende-
main de ce jour peut être le mercredi des
Cendres ; mais c'est le plutôt possible, car

(1) On ne dit pas à quel méridien : le mieux serait
d'adopter celui de Jérusalem, qui est à 33 dégrés de
longitude orientale de Paris ; donc il est deux heures
douze minutes du soir à Jérusalem, quand il est midi
à Paris; et comme la pleine lune passe au méridien à
minuit; dans ce moment là, il est deux heures douze
minutes du matin à Jérusalem quand il est minuit à Paris.
Ensorte que le moment du passage de la pleine lune
au méridien de Paris, indique très-bien à quelle heure
elle a passé au méridien de Jérusalem.

il faut que la Lune soit nouvelle le cinq
février, et que ce jour soit un jeudi ; la
veille est alors le mercredi des Cendres. Il
faut ensuite laisser passer toute cette lunaison, recommencer la suivante, qui, s'il n'y
a pas de 29 février, sera pleine un samedi
21 mars, et le lendemain dimanche sera le
jour de Pâques ; comme l'an 1818 qui fut
le 22 mars ; d'après l'ordre du concile de
Nicée, ou la loi de l'Eglise qui ordonne à
tous les chrétiens, de célébrer le saint jour
de Pâques, le dimanche qui suit la pleine
lune de l'équinoxe du printemps, fixé à
l'époque moyenne du 21 mars.

Voilà pourquoi l'an 1818, le carnaval fut
si court ; beaucoup de personnes n'en connurent pas la raison, et murmurèrent...

Le carnaval aurait été près d'un mois plus
long, si la lune avait été pleine le 20 mars,
alors ce n'aurait pas été la lune Pascale,
parce que l'équinoxe de l'Eglise fixé au terme
moyen du 21 mars n'aurait pas été passé ;
il aurait fallu attendre la pleine lune suivante pour la lune Pascale, qui ne pourrait
arriver au plutôt que le 18 avril ; et si ce
jour était un dimanche, il faudrait encore
attendre le dimanche suivant 25 avril, pour
célébrer le jour de Pâques. Ce fut la décision de Saint-Ambroise, évêque de Milan.
Donc la fête de Pâques peut varier entre le

4

22 mars et le 25 avril inclusivement; et réci-
proquement toutes les fêtes mobiles. Dans
le dix-neuvième siècle, on verra les deux
époques extrêmes de la fête de Pâques, elle
fut le 22 mars 1818, et sera le 25 avril 1886,
jour de Saint-Marc ; ce qui a donné l'origine à ce vieux proverbe latin, *Georgius
mortuum*, *Marcus resurgentem*, *Joannes per
compita vidit triumphantem;* George la vû mort,
Marc ressuscité, et Jean triomphant par les
rues ; c'est-à-dire, que le vendredi saint a
été le jour de Saint-George 23 avril, Pâques
le jour de Saint-Marc 25 avril, et la Fête-
Dieu, le jour de Saint-Jean-Baptiste 24 juin,
jeudi, procession du Saint-Sacrement dans
les rues. *Triumphantem.* Alors la Fête-Dieu
n'était pas renvoyée au dimanche. Cette fête
déjà établie à Liége dès l'an 1246, fut gé-
néralement instituée l'an 126½.

Cet un usage assez répandu et notamment
à l'Eglise Métropolitaine de Paris, que le
6 janvier, jour des Rois, après l'évangile,
le diacre annonce aux fidèles, quel quantième du mois on célébrera la fête de Pâques.

Il y a une différence entre l'épacte astronomique et l'épacte du Calendrier; le mot
épacte veut dire l'âge de la lune au premier
de janvier, ou depuis combien de jours,
heures, minutes, secondes, fractions de
secondes, la lune est nouvelle au moment

où le premier de janvier commence. Le mois
lunaire astronomique, est une révolution
synodique , autrement dit , une lunaison ;
c'est le temps qui s'écoule entre deux nouvelles lunes consécutives, ce temps qui commence indifféremment à telle ou telle heure
du jour *artificiel* de minuit à minuit ; ce
temps ou cette lunaison est de 29 jours ,
12 heures 44 minutes et environ 3 secondes ;
donc l'épacte astronomique exacte en jours,
heures , minutes , secondes , est le temps qui
dans le mois de décembre s'est écoulé depuis
l'instant de la conjonction ou nouvelle lune ,
jusqu'à minuit du 31 décembre , moment
où commence le premier de janvier. Mais
le compte du temps , c'est-à-dire, l'Almanach
ou le Calendrier fait pour l'usage de la société ne peut pas être compté d'après une
supputation de temps ainsi divisé, pour fixer
l'épacte civile , qui est aussi l'épacte religieuse
qui détermine la fête de Pâques, et delà toute
la suite des fêtes mobiles.

Les Astronomes pour faire leurs observations rigoureuses , ont toujours besoin de
diviser le temps par fractions de secondes ,
ils vont jusqu'à un dixième de seconde, en
voyant ou en écoutant une très-bonne pendule : et au moyen du micromètre dont ils
arment un bon télescope , ils calculent et
mesurent les distances, la parallaxe des astres ;

ils annoncent les éclipses ; ils font des almanachs , des calendriers ; mais il suffit à la
société de profiter des résultats sublimes des
observations astronomiques.

Les mois lunaires étant composés de 29
jours 12 heures 44 minutes 3 secondes environ , l'usage civil est de négliger et de
rétablir les fractions de temps , pour les
rassembler en temps complet d'une lunaison
à l'autre ; c'est ainsi que les douze heures
qui excèdent 29 jours d'une lunaison , sont
négligées pour les joindre aux douze heures
d'excès de la lunaison suivante ; alors deux
lunaisons civiles diffèrent entr'elles , l'une
est de 29 jours , l'autre de 30 jours. On dis-
tingue ces deux mois lunaires par l'expression
de mois plein et mois cave : celui de 30
jours est plein , celui de 29 jours est cave.

Il y a encore l'excès de 44 minutes 3 secondes
environ qu'il faut analyser. Les 44 minutes
approchent bien de valoir trois quarts d'heure
qui sont composés de 45 minutes ; on les
laisse accumuler pendant 32 lunaisons , et
alors on a 32 fois trois quarts d'heure qui
font 96 quarts d'heure , ou 24 heures , qui
valent un jour , que l'on ajoute à un des
mois lunaires caves ou de 29 jours , qui
alors devient plein et a 30 jours. Ainsi sur
32 mois lunaires consécutifs , il y en a 17

pleins ou de 3o jours, et 15 caves ou de 29 jours.

On peut sans inconvénient prendre 44 minutes pour 45, et négliger les 3 secondes ou environ qui excèdent les 44 minutes ; en voici la raison : on n'a inventé l'épacte civile ou religieuse, que pour déterminer et annoncer d'avance à la Société l'époque fixe pour la célébration de la fête de Pâques, qui règle toutes les Fêtes mobiles.

Quand on voudrait tenir compte de cette minute que l'on ajoute à 44, il y aurait 32 minutes à supprimer au bout de 32 lunaisons ; il faudrait même retrancher à ces 32 minutes la valeur des 3 secondes environ, que l'on a négligées à chaque lunaison ; ce qui ferait 32 fois 3 secondes, ou 96 secondes qui donnent une minute et demie plus six secondes. Mais pour abréger les détails, supposons que les secondes négligées égalent les deux minutes en sus de trente, pour les 32 minutes d'excès, à la période de 32 lunaisons ; et toute compensation faite, disons que l'excès n'est que de 3o minutes ou d'une demi-heure à chaque 32 lunaisons ; il ne faudrait que laisser accumuler cette demi-heure pendant 48 fois 32 lunaisons, ce qui ferait alors 24 heures complètes ou un jour que l'on supprimerait à un mois lunaire plein, qui cette fois-là serait cave et n'aurait que 29 jours ;

mais il faudrait attendre et compter 1536
lunaisons ou environ 124 ans pour faire
cette suppression, aussi incommode qu'assu-
jettissante quoique très-rare ; d'ailleurs il n'en
résulterait rien d'avantageux ; l'épacte civile
ou religieuse arriverait un jour plutôt au
bout de 124 ans, qui font un siècle et quart
pour ainsi dire ; ce qui serait fort indifférent,
quand même cette circonstance se rencon-
trerait avec le concours très-rare de la pleine
Lune avec un samedi, à l'équinoxe moyen
du Printemps ; la loi de l'Eglise n'en serait
pas moins rigoureusement observée.

Il n'en est pas des fêtes mobiles, comme
des fêtes célébrées à des époques fixes,
telles que la Toussaint, Noël, toutes les fêtes
de la Sainte-Vierge et tant d'autres, qui doivent être célébrées régulièrement tous les
douze mois, qui font un an. Au lieu que
souvent il arrive que douze mois passent,
sans que la fête de Pâques soit célébrée ; d'autre fois, on la célébrera deux fois dans moins
de douze mois ; et cependant on la célèbre
tous les ans une fois. Par exemple, l'an 1818,
la fête de Pâques fut le 22 mars, et l'an 1819
elle fut le 11 d'avril : voilà un intervalle de
douze mois et 19 jours. L'an 1820 la fête de
Pâques fut le 2 avril, il n'y a pas encore un
an depuis le 11 avril 1819. Voilà, dans le
premier cas, douze mois ou un an sans

fête de Pâques; et, dans le second, deux fêtes de Pâques dans moins de douze mois: et cependant, comme la loi de l'Eglise est toujours observée, il est clair qu'une telle extension pour célébrer la fête de Pâques, permet de négliger la minute d'excès qui complète les 45 minutes dont nous avons parlé plus haut.

A bien considérer l'arrangement que l'on suit, toutes les fêtes peuvent être interprêtées mobiles. C'est-à-dire que celles qui sont fixes par rapport au quantième du mois, sont mobiles par rapport au jour de la semaine; et celles qui sont fixes par rapport au jour de la semaine, sont mobiles par rapport au quantième du mois. Ces dernières changent de mois quelquefois; mais la fête de Pâques sera toujours le dimanche, en mémoire de la Résurrection glorieuse de Jésus-Christ, qui fut un dimanche. La fête de l'Ascension sera toujours un jeudi, en mémoire de ce jour où Jésus-Christ monta au ciel en présence de ses onze fidèles disciples, après leur avoir ordonné d'aller prêcher son Evangile à toute créature (1) La fête de la Pentecôte sera toujours un dimanche, en mémoire de

(1) L'infâme Judas, douzième disciple, s'était pendu de désespoir d'avoir trahi son maître par un baiser perfide; suite infernale de sa communion indigne.

ce jour solennel où le Saint-Esprit descendit sur les onze Apôtres rassemblés dans le Sénacle à Jérusalem ; d'où ils partirent, décidés à tout souffrir pour aller prêcher l'Evangile à toutes les nations , selon l'ordre qu'ils en reçurent de leur maître , le jour qu'il monta au ciel. La Fête-Dieu sera toujours un jeudi : en mémoire de ce jour solennel où Jésus-Christ , dans son immense charité , institua l'auguste et Très-Saint-Sacrement de l'Eucharistie , la veille de sa mort, *faites ceci*, dit-il , *en mémoire de moi.* Ces fêtes , et quelques autres , sont fixes par rapport au jour de la semaine , et sont mobiles par rapport au quantième du mois ; au lieu que les autres restent à des époques fixes : c'est ainsi que la Toussaint sera toujours le premier novembre , n'importe quel jour de la semaine : Noël le 25 décembre : l'Assomption le 15 août : toutes les fêtes de la Sainte-Vierge sont à des époques fixes , n'importe quel jour de la semaine : il y a certaines fêtes dont la solennité est célébrée le dimanche voisin de la fête , pour la commodité des fidèles, comme, par exemple, la Fête-Dieu. (Cet usage est récent).

Pour ce qui concerne les Quatre-Temps , il y en a deux qui varient comme la fête de Pâques , ce sont toujours les deux premiers de l'année. L'un est le mercredi qui suit le

mercredi des Cendres, l'autre le mercredi
qui suit le dimanche fête de la Pentecôte ;
ces deux-là sont mobiles. Les deux autres sont
fixés au mercredi qui suit le 14 septembre, et
le mercredi qui suit le 13 décembre.

Nos observances des Quatre-Temps semblent avoir quelques rapports aux anciennes
Néoménies des quatre saisons. Dès la plus
haute antiquité, les familles réunies en sociétés nomades ou errantes dans les environs
du Tygre et de l'Euphrate et les plaines de
Sennar, réglèrent la célébration de leurs fêtes
religieuses sur les mouvemens de la Lune que
tous pouvaient également observer. Ces peuples, pasteurs errans, convenaient de se réunir à des époques fixées par les différentes
apparitions de la Lune : ils se rassemblaient
sur des endroits élevés ou remarquables : ils
célébraient tous ensemble la Néoménie ou la
nouvelle Lune, aussitôt qu'ils voyaient pa-
raître le croissant. Les Néoménies, qui se
rencontraient avec le renouvellement des saisons, étaient célébrées avec plus de recueille-
ment. les vieillards, qui réglaient les cérémonies ne manquaient pas de recommander
l'abstinence, le jeûne et la prière, en action
de grâce. Après la Néoménie, ces peuples
pasteurs séparaient afin de pouvoir nourrir
leurs troupeaux dans les pâturages, et convenaient de se réunir encore sur quelque

point remarquable, à la Néoménie prochaine.
D'après les réflexions précédentes, il est clair
que le vrai mouvement de la Lune autour de
la terre, a une anticipation d'une heure et
demie sur dix-neuf années solaires, et que les
235 lunaisons ou mois lunaires qui compo-
sent le cycle lunaire, sont terminées 90 minutes plutôt que les 228 mois solaires ou
dix-neuf ans révolus. Cette vitesse de la Lune
étant répartie par égales portions sur les 235
lunaisons, donne vingt-trois secondes d'accélération par lunaison : il n'y a qu'un excès
de cinq secondes à la 235ᵉ lunaison pour
que le compte soit exact de 2? secondes par
lunaison à la fin du cycle de 9 ans. Il sera
facile de tenir compte de cet excès de cinq
secondes.

Voilà le Calendrier civil et le Calendrier
religieux passablement développés. Il ne faut
que suivre la loi des bissextiles avec l'analogie, et la loi de l'Eglise, afin de concilier
le temps civil avec le temps religieux, et
former un Almanach ou Calendrier. L'année
se compose de cinquante deux semaines plus
un jour, donc elle finit le même jour de
la semaine qu'elle a commencé, quand elle
n'est pas bissextile ; mais quand il y a le 29
février, l'année se compose de cinquante-
deux semaines plus deux jours donc elle

finit le lendemain du jour de la semaine
qu'elle a commencé.

L'année est aussi composée de jours ou-
vrables et de jours fêtés. De tous les temps
il y a eu des fêtes religieuses ; il est indis-
pensable de les annoncer d'avance, pour que
toutes les classes de la société soient instruites
de leurs époques. Il faut avoir de la religion.
Il faut célébrer un culte divin, par conséquent il faut des fêtes, des cérémonies religieuses. La religion Chrétienne qui domine
en France, présente de grandes consolations
à ceux qui la professent et la pratiquent de
bonne foi. Rien de plus insignifiant, de plus
matériel, de plus brut, qu'une fête publique
qui n'a pas commencé par une cérémonie
religieuse. Après une grande victoire, on
chante solennellement le *Te Deum laudamus*,
en action de grâces, ensuite on fait des ré-
jouissances publiques.

Le plus singulier de tous les Calendriers,
est celui des habitans du nord de l'Asie : les
Sibériens comptent les années par le retour
des neiges : un homme dit, j'ai vécu 5o ou
6o neiges, pour dire qu'il a vécu 5o ou 6o
ans. Ces gens-là ne voient que de la neige
pendant huit mois de l'année : l'époque est
marquante. Un Sibérien meurt d'ennui hors
de la zône glaciale, quand on le veut faire

habiter loin de sa neige ; tant a d'empire l'amour de la patrie. *Dulcis amor patriæ....*

Comme dans ce discours nous avons eu souvent l'occasion de parler d'un ou de plusieurs jours, il est bon d'expliquer ce que l'on entend par le mot jour. Toutes les classes de la société prennent l'habitude de nommer indifféremment jour , soit le temps de la clarté du Soleil , soit le temps compris de minuit à minuit. Cependant chacun a tellement l'habitude , qu'il n'y a jamais de méprise. Quand on dit , j'irai vous voir dans trois jours , et je resterai chez vous tout le jour , on entend très-bien ce que cela veut dire. Cependant il y a une différence dans les deux significations de jour. Les trois jours à venir , sont des jours de vingt-quatre heures, et le jour qu'on ira vous voir , on n'a le projet de rester chez vous que depuis le matin jusqu'au soir. Les trois jours à venir sont des jours artificiels qui comprennent le temps de minuit à minuit ; et le jour que l'on restera chez vous , est un jour naturel qui ne comprend que le temps de la clarté du Soleil. Tout le monde dit , les jours s'allongent , les jours s'accourcissent ; voilà les jours naturels : les jours artificiels sont les mêmes toute l'année , c'est-à-dire de vingt-quatre heures , qui divisent le temps compris entre deux minuits consécutifs.

L'hypothèse du double mouvement de la terre autour du Soleil, a si peu de contra-dicteurs, qu'il est inutile de plaider une cause qui ne partage plus les opinions. Il a fallu longtemps, pour que la véritable phy-sique remportât cette victoire. Ce n'est pas peu de chose en effet pour le vulgaire, que de croire à un mouvement que l'on ne voit pas, celui de la terre, pour ne pas croire au mouvement du Soleil que l'on voit. Josué n'était pas obligé d'être physicien ; il lui suffit d'invoquer la toute puissance de Dieu : celui qui tient en équilibre les astres dans l'espace, interpréta le vœu de Josué, en arrêtant la terre, pour allonger ce jour.... Il est re-connu que les effets sont les mêmes, soit que l'on croie à la marche du Soleil, ou à celle de la terre. Depuis la découverte du télescope, on s'est assuré que toutes les planètes tournent autour du Soleil, et font une révolution proportionnée à l'éloigne-ment où elles sont de cet astre qui les éclaire, les échauffe et les rend fécondes, à en juger par la terre. On s'est encore as-suré que les planètes tournent sur leur axe, pour que toutes leurs surfaces participent à la clarté du Soleil. Depuis le perfection-nement de l'horlogerie, on connaît dans combien de temps les planètes tournent sur leurs axes, en observant avec le télescope,

le moment de retour de certaines remarques à leurs surfaces. La terre tient son rang
autour du Soleil, et par l'analogie, on a
conclu avec raison qu'elle suit les mêmes lois
que les autres planètes. Les sublimes expériences des différentes oscillations du même
pendule faites à l'équateur et près du pôle
boréal de la terre, viennent à l'appui des
mouvemens sur son axe. C'est le mouvement diurne qui produit le jour naturel :
il produit aussi le jour artificiel, que pour
l'usage de la société, l'on compte entre deux
minuits consécutifs. Tous les jours on entend
répéter cette pitoyable réflexion, que si jamais nous avions la tête en bas nous tomberions.... mais où tomberions nous ? Dans
l'air ! Le mot tomber n'a pas la signification d'aller dans l'air, et au contraire,
tomber c'est se rapprocher de la terre, tandis que pour aller dans l'air, il faut s'élever ;
ainsi la crainte de tomber est une erreur.

Le mouvement de translation de la Terre
autour du Soleil, se nomme le mouvement
annuel. Il faut se représenter la Terre par-
courant la trois cent soixante-cinquième
partie de sa translation, et que dans le
temps qu'elle est ainsi emportée, elle tourne
sur son axe une fois, plus un trois cent
soixante-cinquième ; quand elle les a terminées, elle n'est pas encore arrivée à

son point de départ, qui est le solstice d'hiver ; il lui faut encore environ le quart d'une trois cent soixante-cinquième partie de sa translation, et dans le temps qu'elle le parcourt, elle fait environ le quart d'une révolution sur son axe.

Sa révolution entière sur son axe, ou sa rotation diurne, a été divisée en vingt-quatre parties que l'on a nommées heures, chacune de soixante minutes. La réunion de vingt-quatre heures forme un jour artificiel de minuit à minuit. Dans le temps que la Terre parcourt le quart d'une trois cent soixante-cinquième partie de sa translation, elle tourne aussi environ le quart d'une rotation sur son axe, dans le temps de 5 heures 49 minutes moins 14 secondes ; et ce sont ces 5 heures 49 minutes, que Jules-César prit pour un quart de jour ; qu'on laissa accumuler pendant quatre ans, et on ajouta un jour de plus à la quatrième année ; ce qui donna naissance aux années bissextiles, comme nous l'avons expliqué dans le Calendrier civil. Mais à cause des onze minutes de trop à l'année, tous les quatre ans les Romains étaient en retard de quarante-quatre minutes sur le temps du Soleil, et ce retard accumulé jusqu'à l'an 1582, était de dix jours, que l'on supprima au mois d'octobre, pour avancer le Calendrier des dix jours dont il était en retard. La suite de cette réforme est déjà expliquée (1).

Quelquefois on demande : où trouve-t-on le jour de plus tous les quatre ans ?

Voici la réponse : supposons ce qui devrait être, que l'année commence au solstice d'hiver quand la Terre a terminé sa translation de l'an 1824, pour recommencer la suivante ; elle sera emportée par sa translation, et tournera sur son axe 365 fois et environ

---

(1) Voici une singulière anecdote : un Marguillier de Paris, homme respectable, mais ignorant les détails de la réforme du Calendrier, vint un jour me demander d'un air mystérieux et bien embarrassé, comment cela pouvait se faire :

Je trouve, dit-il, dans les registres de ma paroisse, la naissance de deux frères jumeaux dont l'un naquit le 10 décembre, et l'autre le 20, l'an 1582 ; comment est-il croyable qu'une malheureuse femme reste dix jours pour mettre au monde deux frères jumeaux ?....

La chose est bien simple, lui ai-je dit, le premier qui vint au monde naquit avant minuit, et l'autre après minuit. C'est le jour où la réforme du Calendrier fut adoptée en France, sous le règne de Henri III, qu'il y eut dix jours de supprimés ; il fallut bien dans les registres dater 20 le lendemain du 10 ; le premier jumeau naquit le 10 et le second le 20. Il fallait tenir ce compte exact des jour et heure des naissances ; parce que dans le temps que le droit d'aînesse était observé, celui des jumeaux qui venait au monde le dernier, était réputé l'aîné, par décision de la Faculté de Médecine.

un quart. L'an 1825 , le Calendrier négli-
gera le quart, et ne comptera que 365 jours
ou révolutions de 24 heures ; le Calendrier
sera trop court de six heures. L'an 1826 ,
le quart encore négligé , le Calendrier sera
trop court de douze heures ; l'an 1827 , le
quart de jour encore négligé , le Calendrier
sera trop court de dix-huit heures ; l'an 1828
serait trop court de vingt-quatre heures, si on
négligeait encore le quart ; mais on allongera
l'année des quatre quarts de jour , et on aura
le 29 février qui est le jour de plus tous les
quatre ans. (*Voyez la réforme pour les détails.*)

C'est une étrange chose dans le siècle de
lumières ou nous vivons , que de persister
avec indifférence dans la mauvaise habitude
de commencer encore l'année environ onze
jours après le solstice. Il serait bien plus
convenable que le 1.ᵉʳ de janvier fut le même
jour que la Terre renouvelle sa translation
annuelle au solstice d'hiver ; cela serait
bien facile à arranger. Comme il ne faut pas
interrompre les fêtes observées (1), il suffirait
de compter une fois seulement 1.ᵉʳ août le
lendemain du 20 juillet ; cette année-là serait
plus courte de onze jours , voilà tout ; et

_____

(1) On célèbrerait la Sainte-Magdeleine par anticipation cette année là , où il n'y aurait pas de 22 juillet.

5

le 1.er de janvier suivant, serait le jour du solstice d'hiver, comme les premiers peuples cherchèrent à l'établir. Alors les trimestres astronomiques seraient d'accord avec les trimestres civils. L'équinoxe du Printemps, 1.er avril; le solstice d'Été, 1.er juillet; l'équinoxe d'Automne, 1.er octobre; le solstice d'Hiver, 1.er janvier: voilà le résultat de cette opération bien simple, qui cependant, occupe les hommes depuis la plus haute antiquité!... L'équinoxe moyen que la discipline de l'Eglise a fixé au 21 mars, serait alors au 1.er avril. On ferait également l'application de la loi de l'Eglise pour annoncer la fête de Pâques, qui serait presque toujours dans le mois d'avril, au Printemps; et la Fête-Dieu serait tous les ans, aux environs du solstice d'Eté, comme l'an 1827, dans les plus grands jours de l'année, ce qui parait convenable; et alors il pleut rarement.

Aujourd'hui que les communications sur les deux continens n'éprouvent pas de difficultés, il serait facile de s'entendre, pour annoncer sur tous les Calendriers, que l'année suivante les onze derniers jours de juillet resteraient en blanc; que le lendemain du 20 juillet on comptera 1.er août; pour mettre enfin le Calendrier d'accord avec la nature, selon le vœu de tous les hommes depuis qu'ils sont réunis en société. Un an d'avance les journaux donneraient tous les détails de cette suppression de onze jours. Toutes les échéances tombantes au 1.er août seraient renvoyées au 12. Les peuples qui ne suivent pas le Calendrier Grégorien, pourraient profiter de l'occasion pour se mettre au pair; et les hommes de toutes les nations seraient d'accord avec la nature sur une matière qui les intéresse tous également.

Cette Dissertation fait partie d'un Recueil de recherches historiques et géographiques, dont l'Auteur s'est occupé en manière de délassement, quand il inventait et construisait en bois, le modèle de son Instrument chronomètrique et chronologique. Il se propose de faire imprimer tout le Recueil, si la Dissertation sur le Calendrier est bien accueillie. Les matières historiques et géographiques sont moins abstraites, et présentent plus d'agrément au lecteur, que la Dissertation sur le Calendrier.

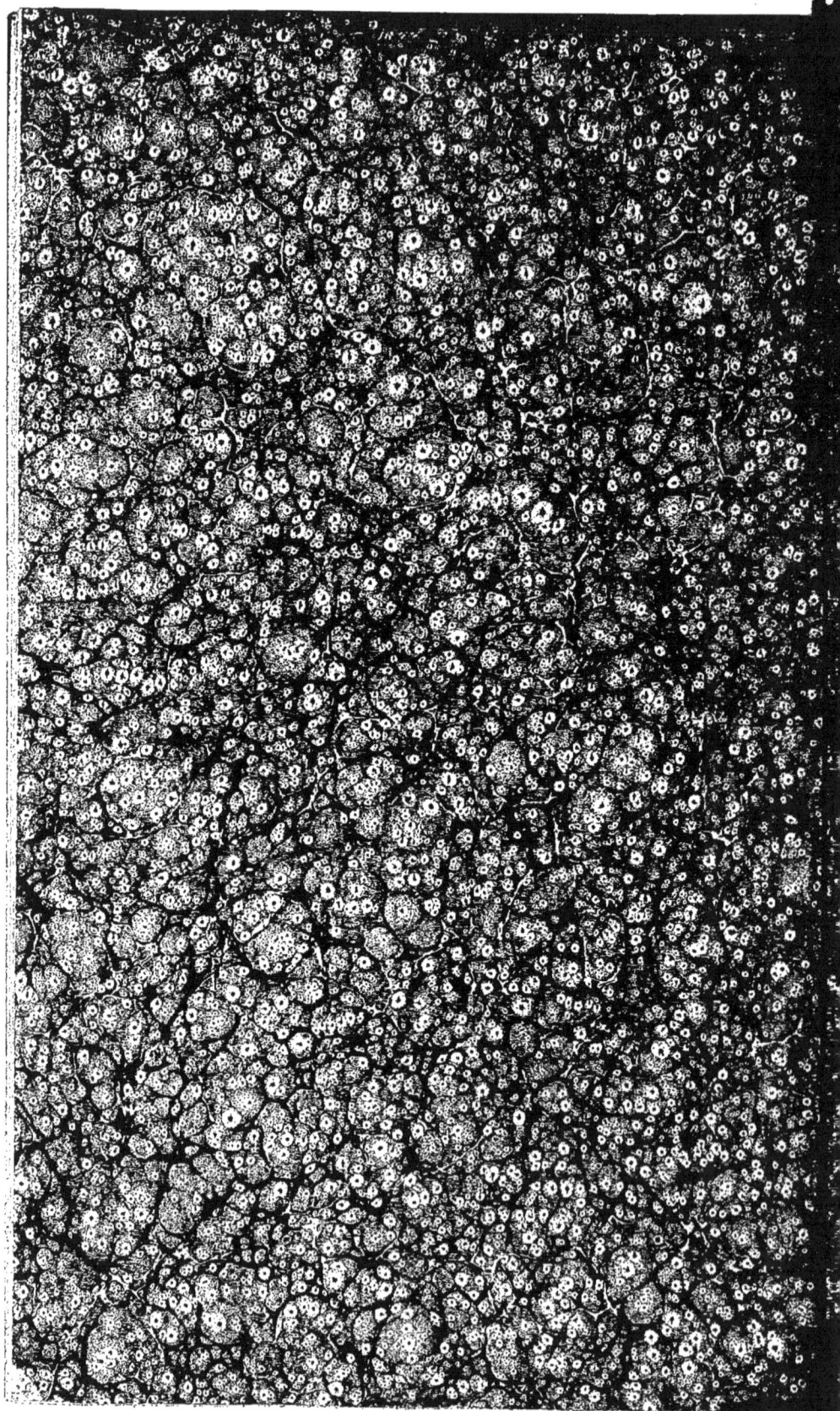

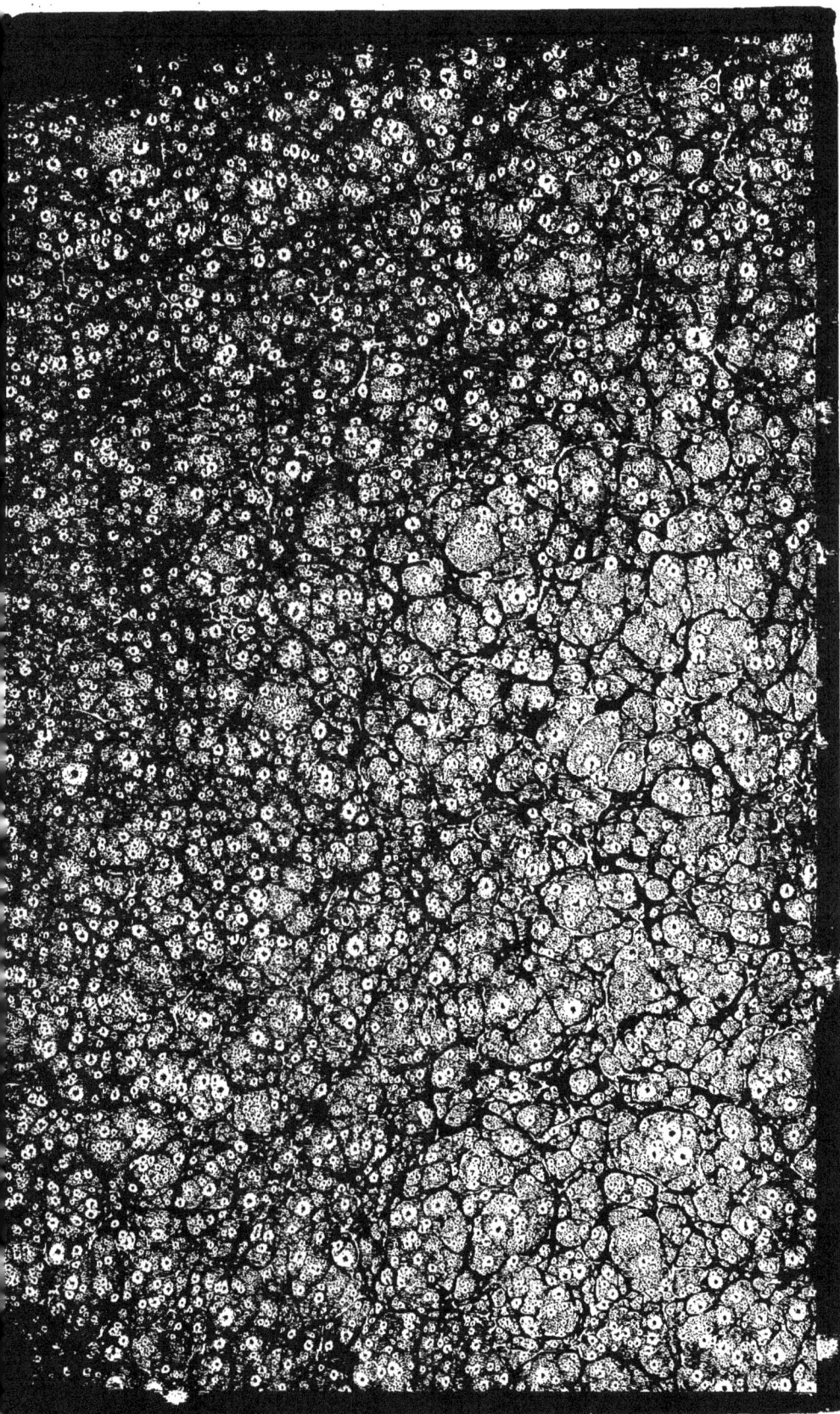

BIBLIOTHEQUE NATIONALE DE FRANCE

3 7531 026142936

www.ingramcontent.com/pod-product-compliance
Lightning Source LLC
Chambersburg PA
CBHW050628210326
41521CB00008B/1425